KB006110

# 마미오븐의
# 초간단 집빵 레시피

55만 구독자가 인정한 손반죽 입문서!

# 마미오븐의
# 초간단 집빵 레시피

식빵부터 모카번까지! 누구나 성공하는 만능 손반죽

마미오븐 금현숙 지음

# ✦ 인사말 ✦

카메라를 붙잡고 끙끙대며 촬영하고, 일주일 넘게 땀 뻘뻘 흘리고 편집하며 유튜브에 영상을 올리기 시작한 지 어느덧 2년이라는 시간이 훌쩍 지났네요. 평범한 주부였던 제가 이 자리까지 올 수 있었던 것은 유튜브 '마미오븐' 채널을 아끼고 사랑해주시는 여러분들의 응원 덕분이라고 생각해요.

출간 제의 메일을 받고 '드디어 내게도 이런 날이 오는구나!' 싶어 살짝 눈물이 날 뻔도 했어요. 그러다 문득 지난날의 제가 떠오르더라고요. 사실 몇 년 전까지만 해도 저는 집에 빌트인으로 있던 오븐을 사용은커녕 그저 프라이팬을 쌓아 두는 용도로만 썼던 사람이에요. 과자나 빵은 제과점에서 구매해 먹는 것이라고 생각했죠.

그러던 제가 우연한 계기로 베이킹에 관심을 두게 되면서 혼자 책을 사서 공부하고, 인터넷을 열심히 뒤져 여러 가지 제품들을 만들어가기 시작했어요. 하지만 결과는 참담했지요. 사진 속 탐스러운 빵과 쿠키는 남의 얘기. 제가 만든 것들은 죄다 돌처럼 딱딱하고 맛이 없었어요. 왜 그런지 곰곰이 생각해보니 정답은 레시피에 있었더라고요. 그때는 베이킹에 대한 지식이 없던 상태였기에 제 마음대로 재료를 줄이거나 공정을 바꾸었던 거예요. 그러면 안 되는데 말이죠.

체계적으로 공부해야 원하는 결과물이 나온다는 걸 깨닫게 된 후 열심히 제과제빵 이론을 공부했어요. 그 결과 각종 자격증도 취득했고, 천연 발효 과정과 케이크 디자인 과정 등 많은 전문 과정을 수료하였답니다. 그러는 동안 실패도 많이 하고 여러 번의 시행착오를 겪었는데, 그 과정에서 저만의 노하우가 쌓였던 것 같아요. 그렇게 열심히 내공을 쌓은 덕분에 홈 클래스도 진행하고 복지관에서 강의도 하게 되었어요. 지금은 유튜브 채널 '마미오븐'을 통해 많은 분과 소통도 하고 있지요.

유튜브 채널을 만들 때 저의 바람은 딱 한 가지였어요. 사랑하는 사람들을 위한 엄마 표 홈베이킹을 만들자. 어디서나 구하기 쉬운 재료를 활용해 화려하지는 않지만 소박하고 맛있는 베이킹 레시피를 공개하자.

그런 제 마음이 구독자 분들에게도 전해졌는지 반응은 예상보다 더 폭발적이었어요. 유튜브 채널에 올린 영상을 본 많은 분이 제 레시피를 활용해 드디어 빵 만들기에 성공했다며 기쁨의 댓글을 달 때마다 정말 뿌듯하더라고요. 영상에 달린 댓글 하나하나가 제겐 정말 큰 힘이 되었어요. 마미오븐을 아끼고 사랑해주시는 분들을 위해 더욱더 많은 정보를 전해드려야겠다고 다짐했죠.

처음 책 작업에 들어갈 때 마미오븐의 진실 된 마음을 가득 담아 만들려고 노력했어요. 제가 베이킹을 처음 배울 당시 했던 실수와 힘들었던 경험들을 돌이켜 생각하고 55만 국내외 구독자분들과 소통하면서 받았던 많은 질문도 꼼꼼히 살펴보았죠. 그러다 보니 손반죽 베이킹 레시피 책을 만들어야겠다는 결론이 나오더라고요.

시중에 나와 있는 베이킹 관련 서적은 대부분 구움과자 위주고, 빵에 관한 책은 고가의 반죽기로 작업하는 어렵고 복잡한 내용 위주라 볼 때마다 늘 아쉽게 느껴졌어요. 집에서도 쉽게 빵을 만들 수 있는, 단순하면서도 교과서 같은 책이 있으면 좋겠다고 생각했죠. 그러기 위해서는 손반죽 레시피가 필요했어요. 많은 분이 손으로 반죽해 빵을 만들면 힘들기만 하고 맛이 없다고 생각하세요. 하지만 마미오븐이 소개하는 기적의 손반죽 공정만 잘 따라 한다면 집에서도 얼마든지 맛있는 빵을 만들 수 있답니다. 힘들이지 않고 간단하게 말이에요!

많은 분이 손반죽의 매력에 푹 빠질 수 있도록 제 채널에서 가장 많은 사랑을 받았던 레시피와 지금껏 공개하지 않은 레시피를 포함해 총 30가지 메뉴로 책을 구성하였습니다. 과정을 최대한 간단하게 소개했기 때문에 초보자들도 쉽게 따라 할 수 있을 거예요. 더욱더 정확한 정보들만 담으려고 노력했으니 기대하셔도 좋습니다. 이 책을 보는 분들은 저와 달리 늘 성공의 길만 걷길 바랍니다!

마지막으로 이 책이 나올 수 있도록 함께 열심히 도와주신 출판사 편집부 여러분, 정말 내가 만든 빵이 맞는지 의심이 될 정도로 예쁜 사진을 찍어주신 포토그래퍼 실장님, 그리고 옆에서 늘 큰 힘이 되어주는 세상에서 가장 소중한 가족들에게 감사 인사를 전합니다.

아내, 그리고 엄마의 이름으로 머물러 있던 저를 다시 온전히 내가 될 수 있도록 해준 베이킹을 정말 사랑합니다. 이 책이 부디 여러분이 빵을 만드는 데 자신감을 주는 책이 되었으면 하는 소망을 담으며 이만 마무리하겠습니다. 감사합니다. 언제나 행복하세요!

마미오븐 **금 현 숙**

# CONTENTS

## ✦ 이 책의 사용법 ✦

01 레시피에 나오는 1큰술은 15㎖, 1작은술은 5㎖입니다. 계량컵은 1컵에 200㎖를 기준으로 합니다.

02 버터는 염분 유무에 따라 가염 버터와 무염 버터로 나뉘는데, 이 책에서 사용하는 버터는 모두 무염 버터입니다. 베이킹에는 기본적으로 염분이 들어가 있지 않은 무염 버터를 사용합니다.

03 이 책에서 사용하는 달걀은 껍질 포함 무게가 60g인 특란입니다. 달걀의 무게가 그램 수로 표기된 것은 달걀을 깨서 푼 뒤 계량한 것을 나타냅니다. 모든 레시피는 껍질 포함 무게가 60g인 달걀을 기준으로 합니다.

04 이 책에서 사용한 이스트는 인스턴트 드라이 이스트입니다. 베이킹 초보자의 경우 사용이 간편한 인스턴트 드라이 이스트를 추천합니다.

05 오븐을 사용하기 전 예열은 필수입니다. 오븐 사양과 굽는 온도에 따라 다르지만 보통 20~25분 전에 예열을 시작합니다. 이때, 굽는 온도보다 20℃ 높게 설정하는 것을 잊지 마세요.

06 이해를 돕기 위해 모든 레시피에 QR코드를 삽입했습니다. 해당 QR코드를 휴대폰으로 스캔하면 마미오븐 유튜브 채널로 넘어가 영상을 볼 수 있어요. 단, 이 책에 나온 레시피는 업그레이드 버전으로 기존 마미오븐 유튜브 영상과 다소 차이가 날 수 있습니다.

07 홈베이킹 시 사용하는 믹싱 볼은 되도록 스테인리스스틸 소재를 선택합니다. 유리 소재의 믹싱 볼을 사용할 경우 열에 강한 내열성 제품인지 반드시 확인합니다.

08 오븐과 전자레인지, 핸드믹서 등과 같은 제품을 사용할 때는 각 제조사에서 제공하는 설명서를 반드시 확인하세요. 제품에 따라 조리 시간이 다를 수 있으니 상태를 보면서 조절합니다.

09 각 레시피의 난이도는 별의 개수로 표시되어 있습니다. 별의 의미는 다음과 같습니다.

★☆☆☆☆ 레시피가 정말 간단합니다. 초보자들도 쉽게 도전할 수 있어요.

★★☆☆☆ 비교적 레시피가 쉽고 간편합니다. 차근차근 따라 하면 어렵지 않아요.

★★★☆☆ 제빵에 대한 기본 지식만 있으면 수월하게 따라 할 수 있습니다.

★★★★☆ 조금 어려운 레시피입니다. 실수하지 않도록 침착하게 하나씩 따라 합시다.

★★★★★ 난도가 제일 높은 만큼 과정이 복잡합니다. 베이킹 실력을 충분히 쌓은 뒤 도전하세요.

## ✦ 마미오븐 제빵 과정 ✦

STEP 1 **계량하기** : 레시피에 따라 모든 재료를 정확히 계량해요.

STEP 2 **손반죽하기** : 정확히 계량한 재료를 모두 섞어 반죽을 시작해요. 재료를 균일하게 혼합하여 글루텐을 형성하는 것이 목적입니다.

STEP 3 **1차 발효하기** : 이스트가 생화학적 반응을 일으켜 탄산가스와 알코올을 생성하고 반죽이 잘 부풀어 오를 수 있도록 하는 과정이에요.

STEP 4 **분할하기 & 동글리기** : 발효된 반죽을 레시피에 따라 나누고 겉면을 매끄럽게 만들어요.

STEP 5 **중간 발효** : 동글리기 한 반죽을 휴지하면 반죽이 더욱더 부드러워져 성형을 쉽게 할 수 있어요.

STEP 6 **성형하기** : 중간 발효가 끝난 반죽으로 원하는 제품의 모양을 만들어요.

STEP 7 **팬닝하기** : 성형한 제품을 빵틀에 넣거나 오븐 팬에 올리는 과정이에요. 팬닝은 일정한 간격을 유지해야 구움 색이 잘 나고 빵이 서로 붙지 않아요. 빵틀이나 오븐 팬은 너무 차갑거나 뜨거우면 2차 발효에 영향을 주므로 실온을 유지합니다.

STEP 8 **2차 발효하기** : 성형과 팬닝이 모두 끝난 반죽을 한 번 더 발효시켜 빵이 충분히 부풀 수 있도록 해요.

STEP 9 **굽기** : 오븐에 2차 발효가 완료된 반죽을 넣어 구워요. 이때, 오븐은 사용 전에 충분히 예열하는 것이 중요합니다. 레시피에 나온 온도보다 약 20℃ 정도 올려서 예열하면 돼요.

STEP 10 **쇼크 주기** : 오븐에서 꺼낸 빵을 20~30㎝ 높이에서 내리쳐 뜨거운 열기를 빼내고 대신 찬 공기를 넣는 과정입니다. 반드시 이 과정을 거쳐야 빵의 모양이 꺼지지 않아요.

STEP 11 **냉각** : 뜨거운 빵을 실온에서 식혀줍니다. 냉각 단계를 거치지 않은 채로 빵을 자르게 되면 모양이 찌그러질 수 있으니 주의하세요.

STEP 12 **포장** : 빵의 오염을 방지하고 빵이 마르는 것을 막아요. 포장지가 없으면 밀폐 용기를 사용해도 됩니다.

# CHECK POINT

## 홈베이킹 제대로 알기

1
2
3
4
5

# CHAPTER 1 기본 재료

## 01. 밀가루

밀가루는 단백질 함량에 따라 강력분, 중력분, 박력분으로 나뉩니다. 단백질 함량이 높을수록 글루텐 형성이 잘 되기 때문에 빵을 만들 때는 단백질 함량이 12% 이상 들어 있는 강력분을 사용해요. 강력분을 반죽하면 탄성이 높아져 쫄깃해지고 발효 시 반죽이 금방 부풀어 올라 부드럽고 푹신한 식감의 빵을 만들 수 있습니다. 박력분은 밀가루 중 단백질 함량이 가장 낮습니다. 그래서 쫄깃한 느낌은 없지만 부드러우면서도 바삭한 식감을 낼 수 있어 주로 쿠키, 케이크 등을 만들 때 사용해요. 중력분은 강력분과 박력분의 중간 단계로 수제비나 국수를 만들 때 사용해요. 빵을 만들 때 원하는 식감을 내기 위해 강력분과 섞어 쓰기도 합니다.

## 02. 통밀가루

통밀가루는 도정하지 않고 속껍질이 그대로 남아 있는 밀을 분쇄해 만든 것이에요. 찰기가 떨어지고 쫀득한 느낌도 덜하지만 껍질에 있는 섬유질, 미네랄, 비타민 등이 그대로 남아 영양이 풍부해요. 다만, 통밀가루는 글루텐 함량이 낮고 반죽이 질게 될 확률이 높아 빵 만들기가 쉽지 않아요. 그러니 밀가루에 통밀을 20~30%를 넣어 잘 섞어 빵을 만드는 것이 좋습니다.

## 03. 이스트

미생물의 일종인 이스트는 반죽을 충분히 발효시키기 위해 꼭 필요한 재료예요. 생이스트와 드라이 이스트, 인스턴트 드라이 이스트로 나눌 수 있죠. 생이스트는 블록 형태로 되어 있는데, 가공하지 않은 상태에서 사용하기 때문에 빵의 맛은 좋아지지만 유통기한이 짧아요. 드라이 이스트는 건조 과정을 거쳐서 유통기한이 생이스트에 비해 긴 편이에요. 하지만 알갱이 형태로 되어 있어 따뜻한 물에 불려 충분히 활성화한 후 사용해야 한다는 것이 단점이죠. 인스턴트 드라이 이스트는 가정에서 쉽고 간편하게 사용하기 딱 좋은 제품이에요. 분말 형태로 반죽 시 바로 사용할 수 있고 팽창력도 좋은 데다가 유통기한도 가장 깁니다. 하지만 개봉 후에는 밀폐한 뒤 냉동 보관해야 발효력이 떨어지지 않으니 주의해야 합니다. 또한, 건조하여 압축한 것이기 때문에 생이스트를 사용할 때보다 $\frac{2}{3}$ 정도 분량을 줄여야 한다는 것을 잊지 마세요.

## 04. 설탕

설탕은 단순히 빵의 단맛만 내는 게 아니에요. 반죽에 들어가 천연 방부제 역할을 하고 빵의 먹음직스러운 구움 색을 나타내기도 합니다. 또한, 이스트의 먹이가 되어 빵의 발효도 돕지요. 설탕(당)이라는 먹이를 주지 않으면 이스트가 제 능력을 쓰지 못해 발효되지 않거든요. 가공 방식에 따라 여러 종류가 있지만 주방에서 쉽게 찾을 수 있는 백설탕을 사용하면 됩니다.

## 05. 소금

음식을 만들 때 소금으로 간을 하듯이 빵을 만들 때도 소금을 첨가해 감칠맛을 내요. 게다가 소금은 글루텐의 점탄성을 강화하고 반죽이 지나치게 부풀어 오르는 것을 막아주기도 한답니다. 입자가 굵은 소금을 사용하면 반죽할 때 잘 섞이지 않고 맛을 해칠 수 있으니 입자가 가는 꽃소금을 추천합니다. 꽃소금이 없다면 천일염이나 일반 소금을 갈아서 사용해도 됩니다.

10
7
6
9
8

### 06. 물

제빵에 가장 중요한 재료 중 하나가 바로 물입니다. 특히, '오트리즈법'이라는 제법을 사용할 때 물의 역할이 더욱더 막중해지죠. '자가 분해'라는 뜻의 오트리즈법은 밀가루와 물을 섞어 살짝 믹싱한 뒤 반죽 전 약 15분 정도 휴지시키는 것을 말해요. 그러면 밀가루와 물이 충분히 수화를 이루어 자연적으로 글루텐을 활성화해요. 이때, 물이 글루텐 조직을 강화하는 매개체가 되는 것입니다. 한 가지 더 강조하고 싶은 것은 바로 물의 온도입니다. 반죽은 1년 365일 27~28℃의 온도를 유지해야 합니다. 그래서 계절에 따라 밀가루와 섞을 물의 온도에 변화를 주어야 하는 것이죠. 봄과 가을에는 일반적으로 수돗물 냉수를 바로 사용하고, 여름에는 냉장 보관한 것, 겨울에는 전자레인지에 15초 정도 돌려 냉기를 제거한 물을 사용하면 계절이 달라져도 반죽 온도를 일정하게 유지하기 쉬워집니다.

### 07. 우유

빵이 조금 더 부드럽고 촉촉한 맛을 내도록 도와주는 재료가 바로 우유예요. 단백질과 유당을 함유하고 있어 빵의 구움 색을 진하게 만들기도 하지요. 물과 마찬가지로 반죽의 온도에 큰 영향을 주는 재료이기 때문에 계절별로 온도를 다르게 사용해야 합니다. 봄과 가을에는 실온에 30분 정도 둔 것을, 여름에는 냉장 보관한 것을, 겨울에는 전자레인지에 20초 정도 돌려 냉기를 제거한 우유를 활용하세요. 한 가지 더! 빵을 만들 때 저지방 우유 사용은 절대 금물입니다. 우유의 유당을 충분히 활용해야 빵의 풍미를 제대로 느낄 수 있으니 반드시 일반 우유를 사용하세요.

### 08. 달걀

물, 우유와 더불어 대표적인 수분 재료인 달걀은 베이킹에서 절대 빼놓을 수 없는 존재입니다. 빵의 부드러운 식감과 풍미를 극대화하고 윤기와 색감을 잡아주는 역할을 하거든요. 무게에 따라 왕란, 특란, 대란, 중란, 소란으로 나뉘는데 이 책에서 빵을 만들 때 사용한 달걀은 껍질 포함 60g 정도의 특란입니다. 달걀의 유통기한은 보통 산란일로부터 45일이고, 판매 기한은 30일 정도예요. 그러므로 구입 후 한 달 이내인 신선한 달걀을 골라 사용하는 것이 좋습니다.

### 09. 버터

버터는 우유의 지방을 분리한 뒤 응고시켜 만든 천연 재료예요. 버터 특유의 풍미가 있어 반죽과 섞이면 빵을 더욱너 맛있게 만들 뿐만 아니라 부드럽고 촉촉한 식감을 자아냅니다. 버터는 소금 유무에 따라 가염 버터와 무염 버터, 두 가지로 나눌 수 있어요. 가염 버터는 말 그대로 소금이 2% 정도 함유된 버터를 뜻하고, 반대로 무염 버터는 소금을 넣지 않은 것을 말해요. 보통 베이킹을 할 때 과한 짠맛을 피하기 위해 가염 버터가 아닌 무염 버터를 사용합니다.

### 10. 오일

빵을 만들 때 오일을 사용할 때도 있답니다. 버터나 마가린과 같은 유지 대신 오일을 사용하는 레시피가 있거든요. 일반적으로 제빵에서는 식용유, 포도씨유, 카놀라유 등을 많이 사용해요. 단, 특유의 강한 향이 있는 올리브유는 빵 종류에 따라 꼭 필요할 때만 사용합니다.

12
14
11
13
15
16
16

## 11. 코코아 파우더

카카오빈에서 지방 성분을 추출하고 건조해 볶은 뒤 곱게 갈아서 만든 것이 바로 코코아 파우더입니다. 초콜릿처럼 우유나 설탕이 들어 있지 않아 카카오빈만의 풍미를 진하게 느낄 수 있어요. 보통 초콜릿 맛이 나는 빵을 만들 때 많이 사용합니다. 브랜드에 따라 성분과 카카오 함유량이 달라 맛이 다르니 취향에 맞는 제품을 선택하세요.

## 12. 아몬드 가루

생아몬드의 껍질을 벗긴 후 곱게 갈아 분말로 만든 것을 아몬드 가루라고 합니다. 특유의 고소하면서도 기름진 맛이 있어 색다른 빵을 만들 때 사용하기 좋은 재료예요. 제빵뿐만 아니라 제과에서도 많이 사용하며, 특히 마카롱의 주재료이기도 합니다. 간혹 마카롱을 안정적으로 구울 수 있도록 소맥분을 5% 정도 첨가한 제품도 있으니 성분을 자세히 살펴봐야 해요. 아몬드의 고소한 맛을 제대로 느끼고 싶다면 반드시 100% 아몬드로 만들어진 제품을 사용하세요.

## 13. 크림치즈

우유와 생크림을 일정 비율로 섞은 뒤 숙성시켜 만든 생치즈입니다. 부드러우면서도 고소하고 짭짤한 맛 때문에 베이글이나 식빵에 발라 먹기도 하지요. 주로 제빵에서는 충전용 재료로 많이 사용하는데, 브랜드에 따라 맛의 차이가 있으니 입맛에 맞는 제품을 찾아 사용하세요.

## 14. 생크림

생크림은 우유의 지방을 분리해 만든 것입니다. 다른 유제품들보다 유지방 함량이 높아 특유의 고소한 풍미를 지니고 있어요. 크게 동물성 생크림과 식물성 생크림으로 나눌 수 있죠. 동물성 생크림은 식물성 생크림보다 맛이 훨씬 진하고 뛰어나지만 유통기한이 다소 짧고 작업성이 떨어져요. 반면 식물성 생크림은 팜유, 야자유 등으로 구성되어 있어 동물성 생크림보다 풍미는 떨어지지만 저렴하고 작업성이 뛰어나다는 장점이 있지요. 레시피에 따라 두 가지의 생크림을 일정 비율로 섞어 맛과 작업성을 모두 잡아 사용하는 것도 좋은 방법입니다.

## 15. 견과류

영양 가득한 빵을 만들고 싶다면 견과류를 넣어보세요. 아몬드, 호두, 땅콩 등의 견과류에는 단백질과 무기질, 비타민이 골고루 들어 있거든요. 단, 생견과류는 약간의 독성이 있어서 알레르기를 유발할 수 있어요. 사용 전 끓는 물에 살짝 데쳐서 먹는 것이 좋습니다. 견과류를 팬에 한 번 볶거나 오븐에 구워 사용하면 더욱더 고소한 맛을 낼 수 있으니 참고하세요.

## 16. 건과일·냉동과일

반죽 시 건과일 또는 냉동과일을 넣으면 쫀득하면서도 달콤한 맛의 빵이 완성됩니다. 물론 영양적인 면에서도 매우 훌륭하지요. 보통 블루베리나 크랜베리와 같은 베리류를 많이 사용하지만 취향에 맞게 다른 건과일과 냉동과일을 선택해도 무방합니다. 많이 건조된 건과일의 경우 10분 정도 물에 불린 후 사용해야 한다는 점 잊지 마세요.

1
TOP TEMP
DOWN TEMP
TIMER
FUNCTION
Wiswell

# CHAPTER 2 기본 도구

## 01. 오븐

빵을 굽기 위해서는 오븐이 필요합니다. 오븐은 크게 가정용 오븐, 컨벡션 오븐, 데크 오븐 총 3가지로 나눌 수 있어요. 종류별로 열을 전달하는 방식과 조작 방법이 다르기 때문에 사용 전 설명서를 꼭 읽어봐야 합니다.

### 가정용 오븐

이제 막 제빵을 배우기 시작한 사람들이 사용하기 딱 좋아요. 10만 원 내외로 책정된 비교적 합리적인 가격에 기능과 구조가 단순해 초보자도 손쉽게 사용할 수 있기 때문이죠. 대부분의 빵을 무리 없이 구워내지만, 한 번에 구울 수 있는 양이 제한적이므로 대량 생산은 힘들어요. 크기가 비교적 작기 때문에 자칫 잘못하면 빵 반죽이 천장에 닿아 타기도 해요. 게다가 온도를 나타내는 계기판이 따로 없어 내부 온도를 정확하게 알기 어렵습니다. 오븐용 온도계를 내부에 장착해 온도를 수시로 확인한다면 문제 없이 빵을 구울 수 있을 거예요.

### 컨벡션 오븐

컨벡션 오븐은 가정용 오븐에 비해 높이나 위치에 따른 열 편차가 적은 편이에요. 내부 열기가 지속적으로 순환되면서 내용물을 익히기 때문이죠. 여러 단에 반죽을 동시에 넣어도 비교적 균등하게 빵이 익습니다. 그뿐만 아니라 굽는 시간도 크게 단축되어서 본격적으로 베이킹을 하는 분들에게 안성맞춤인 제품이에요. 하지만 오븐 문을 열고 다시 닫는 과정에서는 열이 쉽게 빠져나가니 주의해야 합니다. 또한 가정용 오븐과 마찬가지로 오븐 내부 온도가 실제 설정 온도와 다를 수 있으니 따로 온도계를 내부에 장착해 온도를 수시로 확인해주세요.

### 데크 오븐

데크 오븐은 가정용 오븐과 컨벡션 오븐의 단점을 보완한 제품이라고 할 수 있어요. 디지털 형식으로 되어 있어서 위아래 히터를 개별적으로 조작할 수 있기 때문에 원하는 온도를 설정할 수 있지요. 열도 빠르고 고르게 퍼지고 용량도 매우 커서 한꺼번에 많은 양의 빵을 구울 수 있어 좋아요. 주로 베이커리 전문점에서 데크 오븐을 사용합니다.

4
3
2
Wiswell
8
7
6
2
7
16 oz
12 oz
8 oz
5

### 02. 거품기·핸드 믹서

거품기는 재료를 섞거나 달걀, 버터 등을 가볍게 풀어줄 때 사용합니다. 용도별로 크기와 철사의 두께 등이 달라요. 재료를 섞을 때는 작고 철망이 두꺼운 것을 선택하고, 가볍게 거품 낼 용도로는 크고 철망이 촘촘한 제품을 고르세요. 핸드 믹서는 거품기보다 편리하게 반죽을 섞을 수 있도록 합니다. 되도록 소비전력이 300W로 힘이 좋은 제품을 선택하세요.

### 03. 실리콘 주걱

재료를 섞거나 반죽을 깨끗이 정리할 때 사용합니다. 개인적으로 내열성이 좋고 손에 잡는 부분이 휘지 않으며 힘 있는 실리콘 주걱을 추천해요. 실리콘 주걱의 단단한 부분으로 재료를 섞고 부드러운 부분으로는 반죽과 볼을 깨끗이 정리할 수 있어요.

### 04. 믹싱 볼

재료를 담고 반죽을 섞을 때 필요합니다. 스테인리스스틸 소재는 가벼운 데다가 열전달이 좋고 편리해 활용도가 높습니다. 내열 유리 믹싱 볼은 전자레인지에 사용할 수 있고 위생적이라서 좋지요. 필요에 따라 다양한 믹싱 볼을 선택해 갖춰두면 빵 만들 때 매우 편해요.

### 05. 냄비

빵에 곁들일 글레이즈나 필링을 만들 때 각종 재료를 냄비에 담아 녹이거나 끓여야 하죠. 될 수 있으면 열전도율이 높고 바닥이 두꺼워서 온도가 일정하게 유지되는 냄비를 사용하세요.

### 06. 체

체는 가루 사이에 숨어 있는 커다란 덩어리를 풀어 고운 입자로 만들 때도 사용하고, 이와 동시에 입자 사이에 공기를 넣어 가루가 더욱더 잘 섞일 수 있도록 돕기도 합니다. 재료의 불순물을 거를 때도 필요하며, 빵 위에 슈거파우더나 코코아 파우더 등을 뿌릴 때도 유용해요. 체는 되도록 체망 사이의 간격이 너무 크지 않은 것을 선택하는 게 좋습니다.

### 07. 계량스푼·계량컵

계량스푼은 아주 작은 양의 재료를 계량할 때 사용해요. 특히, 가루 재료를 계량할 때 매우 유용하죠. 다만 가루 재료를 담을 때는 반드시 자 또는 칼로 윗면을 평평하게 만들어주세요. 그래야 더욱더 확실한 계량이 가능해집니다. 계량컵은 액체 재료를 측정할 때 주로 사용합니다. 평평한 곳에 계량컵을 놓고 재료를 담은 뒤 눈금을 확인하면 됩니다.

### 08. 저울

보통 베이킹에 사용되는 저울은 디지털 저울과 눈금 저울로 나눌 수 있는데, 요즘은 대부분 디지털 저울을 써요. 디지털 저울은 1g까지 표시되어 계량의 정확도가 월등히 높기 때문이죠. 디지털 저울은 수평이 맞는 평평한 곳에 두고 사용해야 합니다. 그러지 않으면 정확하게 계량할 수 없어요. 또한, 최소 계량 단위가 1g, 최대 계량 범위가 3kg 정도인 것이 적당합니다.

12
16
CAKE DECO.
14" - 35CM
MADE IN KOREA
9
11
15
10
13
14
11

### 09. 스크래퍼

재료를 다지거나 반죽을 분할할 때 사용합니다. 저는 모서리가 둥근 제품과 각진 제품, 2가지의 스크래퍼를 써요. 모서리가 둥근 것은 볼에 남은 반죽을 긁어모을 때 좋고, 모서리가 각진 제품은 재료를 다질 때 편리합니다. 잘 살펴보고 둘 중 하나만 사용해도 무방해요.

### 10. 밀대

반죽을 납작하게 만들 때 필요합니다. 나무 밀대와 플라스틱 밀대가 있는데, 지름이 3~4㎝인 것을 고르세요. 나무 밀대는 사용 후 깨끗이 씻어 물기를 바짝 말려 보관해야 합니다.

### 11. 사각 팬·원형 틀

반죽을 담아 오븐에 구울 때 사용해요. 먼저 팬을 구매할 때는 불소 코팅이 된 제품인지 확인하세요. 코팅이 제대로 되어 있어야 반죽이 팬에 달라붙지 않기 때문이죠. 원형 틀은 크기 별로 다양하게 나누어져 있는데, 기본 18㎝의 철재 원형 틀을 선택하는 것이 좋습니다.

### 12. 디지털 온도계

베이킹은 주로 디지털 온도계를 사용하는데, 접촉식 온도계와 비접촉식 온도계 2가지로 분류할 수 있어요. 접촉식 온도계는 반죽에 온도계를 맞대어 온도를 확인하고, 비접촉식 온도계는 적외선으로 온도를 측정합니다. 초보자라면 가격대가 낮은 접촉식 온도계를 추천합니다.

### 13. 유산지·테프론시트

반죽이 팬에 달라붙는 것을 막기 위해 사용합니다. 유산지는 팬 사이즈에 맞게 잘라서 사용할 수 있지만, 한번만 사용할 수 있고 코팅력이 떨어진다는 아쉬운 점이 있죠. 테프론시트는 반영구적 사용이 가능해요. 또 열에 강하고 코팅력도 뛰어나다는 장점이 있어요.

### 14. 붓

반죽 겉면에 달걀물, 우유 등을 바를 때 사용해요. 베이킹 전용 붓을 사용하지만 메이크업 붓으로 대체해도 괜찮습니다. 세척과 보관이 간편한 실리콘 붓을 선택하는 것도 좋습니다.

### 15. 식힘망

완성된 빵을 한 김 식힐 때 식힘망 위에 올려둬요. 갓 구운 빵을 바닥에 그냥 놓으면 빵 밑부분에 습기가 차서 눅눅해지거든요. 철제 망으로 되어 있어 통풍이 잘되고 바닥과 일정 높이 떨어져 있는 식힘망에 올려두어야 습기 차는 현상 없이 빵이 잘 식습니다.

### 16. 짤주머니

시럽을 뿌리거나 필링 재료를 넣을 때 사용하며, 방수 천으로 만들어진 것과 비닐 재질로 된 것이 있어요. 방수 천 소재는 탄탄하고 힘이 좋아 무거운 반죽을 넣어도 잘 버텨내죠. 사용 후 깨끗하게 씻어 말리면 다시 쓸 수 있어요. 비닐 소재는 일회용이라는 단점이 있지만, 따로 세척하거나 보관할 필요가 없어 위생적이고 편리해요.

# CHAPTER 3 기본 상식

## 01. 믹싱

우리말로 '섞는다'라는 뜻의 베이킹 용어입니다. 모든 재료를 믹싱 볼에 담아 한 번에 섞을 때 '믹싱한다'라고 표현하죠. 베이킹 레시피에서 가장 많이 나오는 용어 중 하나입니다. '우유에 계량한 이스트를 넣고 믹싱해주세요'라고 응용할 수 있습니다.

## 02. 휘핑

휘핑도 믹싱처럼 '섞는다'라는 뜻을 포함하고 있지만 조금 달라요. 단순히 섞는 것에서 끝나는 것이 아니라 재료들 사이에 공기를 더해 거품을 내어 크림을 만들 때 '휘핑한다'라고 말합니다. 생크림을 떠올리면 이해하기 쉬울 거예요.

## 03. 중탕

재료에 직접적으로 열을 가해 녹이는 것이 아니라 간접적으로 온도를 더하는 것을 말합니다. 예를 들어 뜨거운 물을 담은 냄비에 재료가 가득 담긴 믹싱 볼을 올려 그 열로 재료를 녹이는 형식이죠. 보통 초콜릿이나 버터를 녹일 때 이런 방법을 많이 사용합니다.

## 04. 발효

우유 또는 물에 밀가루와 이스트, 달걀 등의 재료를 모두 넣어 반죽한 후 적절한 온도와 습도의 환경에 두어 반죽이 자연적으로 2~3배 정도 부풀게 하는 과정을 뜻해요. 발효를 제대로 해야 풍미 가득한 빵을 만들 수 있어요. 발효가 덜 되면 납작하고 딱딱한 빵이 되고, 과발효되면 술 냄새 같은 시큼한 향을 풍기는 빵이 되어버려요.

## 05. 분할

반죽을 원하는 크기로 나누는 것을 분할이라고 합니다. 보통 성형 전에 분할 과정을 거치고 오븐에 넣을 팬이나 틀의 용량에 맞춰 반죽을 나누기도 합니다. 분할하지 않고 반죽을 통째로 오븐에 넣으면 겉은 타고 속은 덜 익는 경우가 생겨요. 오븐에 넣기 전 반드시 반죽을 알맞은 크기로 나눠줘야 합니다.

## 06. 중간 발효

분할과 동글리기 과정을 거치며 긴장된 반죽을 완화시켜주는 것을 뜻해요. 랩이나 면포를 덮어 잠시 두면 다음 작업을 용이하게 할 수 있어요.

### 07. 성형

적당한 크기로 분할한 반죽을 원하는 모양으로 만들 때 '성형한다'라고 합니다. 반죽을 동그랗게 굴리거나 꼬고 비트는 모든 행동이 성형에 포함되는 것이랍니다.

### 08. 팬닝

완성된 빵 반죽을 틀에 채우거나 오븐 팬에 올려 나열하는 것을 뜻합니다. 반죽을 틀에 부을 때는 오븐에서 구우면서 빵이 부풀어 오를 것을 고려해 충전물이 없는 반죽의 경우 틀 높이의 $\frac{1}{3}$을, 충전물이 있는 반죽은 틀 높이의 $\frac{1}{2}$ 정도만 채우는 것이 적당합니다. 너무 많이 담으면 반죽이 흘러넘칠 수 있고, 반대로 너무 적게 넣으면 빵의 볼륨이 제대로 살지 않으니 주의해야 해요. 반죽을 팬에 올릴 때도 마찬가지입니다. 빵이 부풀어 옆으로 늘어날 것을 고려해 적당한 간격을 두고 팬에 올립니다.

### 09. 토핑

제빵의 마지막 단계 또는 반죽을 굽기 직전에 초콜릿, 견과류, 과일 등을 올려 장식하는 과정입니다. '토핑 재료'라는 말은 토핑할 때 사용되는 재료라는 뜻이겠죠.

### 10. 아이싱

슈거파우더와 물을 섞어 만든 시럽을 빵이나 과자 위에 뿌리는 것을 '아이싱'이라고 해요. 제과에서 흔하게 사용되는 기술이지만 제빵에서도 종종 만나볼 수 있지요. 짤주머니에 시럽을 넣어 사용하거나, 시럽을 붓에 발라 직접 바르기도 하는 등 아이싱하는 방법은 여러 가지입니다.

## 마미오븐 TIP

**빵의 유통기한 및 보관 보관 방법 알아보기**

집에서 직접 만든 빵은 매장에서 판매하는 제품보다 유통기한이 짧아요. 빵을 만든 날부터 되도록 1~2일 사이에 먹는 것이 가장 좋죠. 조금 더 오래 보관하고 싶다면 빵을 밀폐 용기 또는 위생 봉지에 담아 냉동 보관하세요. 최대 한 달까지는 보관 가능합니다.

냉동된 빵을 다시 꺼내 먹을 때 전자레인지에 넣고 돌리는 것은 추천하지 않아요. 그러면 빵 속에 있던 수분이 모조리 빠져나가 빵이 퍼석퍼석해지고 맛이 떨어져요. 2~3시간 전에 실온에 꺼내둔 뒤 해동되면 바로 드시면 됩니다. 간혹 식빵을 냉동된 상태로 바로 토스터기에 넣거나 프라이팬에 올려 굽는 경우가 있는데, 되도록 실온 해동을 거친 뒤 빵을 구우세요. 하지만 바쁜 아침에는 해동할 시간이 없으시죠? 그럴 때는 자기 전에 냉동실에 넣어두었던 빵을 꺼내 식탁 위에 두세요. 밤새 충분히 해동된 빵을 아침에 먹으면 문제 해결입니다.

# CHAPTER 4 기본 손반죽

반죽기 없이는 집에서 빵을 만들 수 없다는 고정 관념을 가지고 있나요? 손반죽은 어렵고 복잡하다는 편견도 있다고요? 그렇다면 여기를 주목하세요. 하루 30분이면 반죽 끝! 세상에서 가장 쉽고 간단한 마미오븐의 손반죽 노하우를 공개합니다.

1

2

## STEP 1 재료 섞기 (소요 시간 15분)

① 버터를 제외한 재료들을 볼에 담아 가볍게 섞는다.

※ 버터가 들어가지 않는 레시피라면 재료 섞기 단계에서 오일이나 생크림을 함께 넣어주세요. 이 과정을 통해 자연적인 글루텐이 생성되고 가소성이 증대하여 손반죽으로도 쉽게 빵을 반죽할 수 있답니다.

② ①을 랩핑한 후 15분 동안 휴지한다. 충분히 휴지한 반죽을 손으로 늘려 글루텐이 활성화되었는지 확인한다.

3

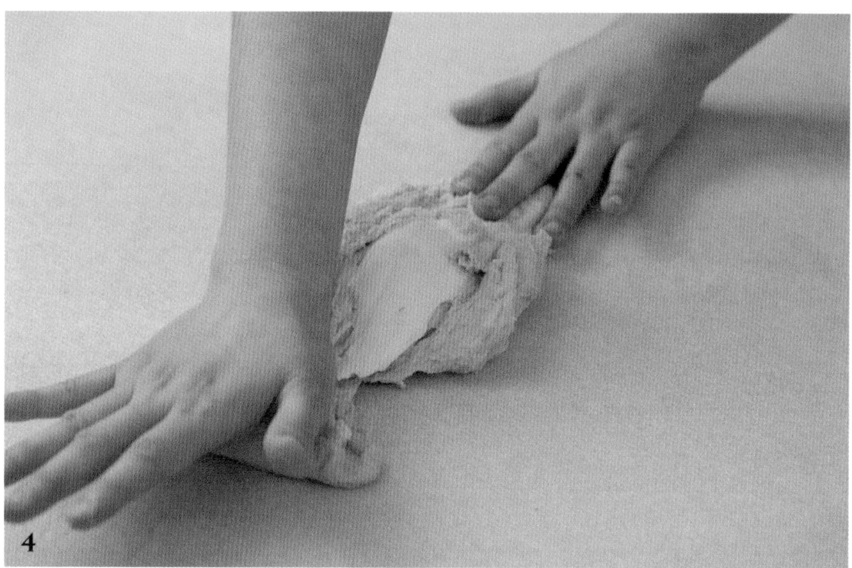
4

## STEP 2 반죽 치대기 (소요 시간 5~7분)

③ 실온에 두었던 버터를 적당히 떼어 반죽 위에 올려준 뒤 반죽 끝을 접어 버터를 잘 감싼다.

④ 손바닥을 편 상태에서 기다란 원을 그리듯 반죽을 앞으로 밀어 폈다가 다시 몸쪽으로 반죽을 끌고 오는 과정을 반복한다. 이때, 최대한 손목에 힘을 주지 않는 것이 포인트!

※ 이 단계에서 과하게 반죽을 치대면 손목에 무리가 갈 수 있어요.

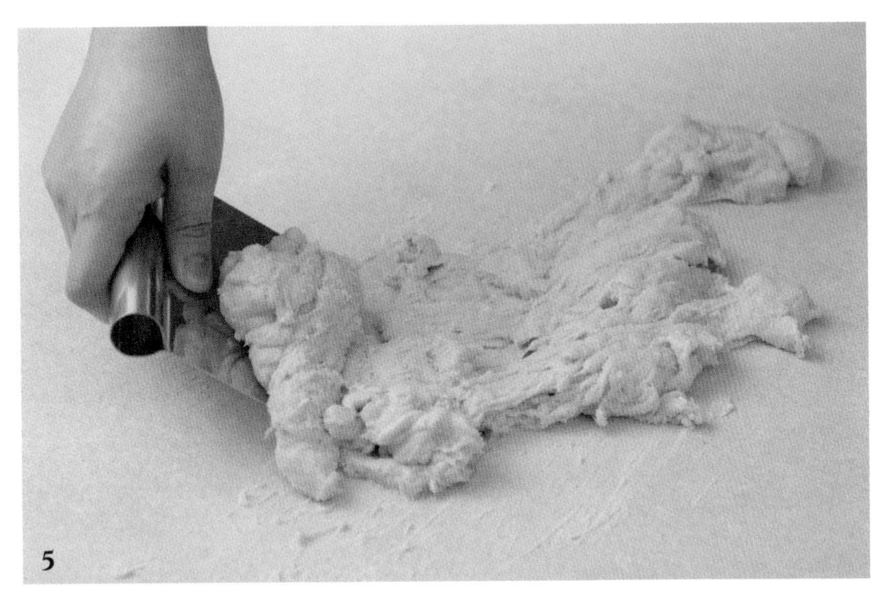

⑤ 버터가 녹으면서 반죽에 기름기가 돌고 끈적거리기 시작하면 스크래퍼를 이용해 흩어진 반죽을 모아준다. 반죽이 많이 질 경우 작업대에 소량의 덧가루를 뿌려 반죽한다.

⑥ ④와 ⑤의 과정을 반복하여 버터가 반죽에 적당히 흡수되어 번들거림이 사라질 때까지 5~7분 정도 반죽한다.

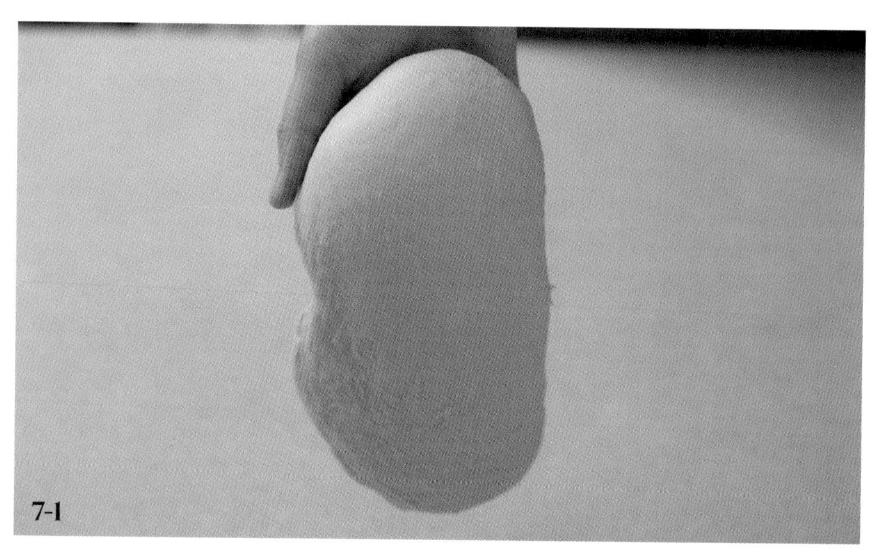
7-1

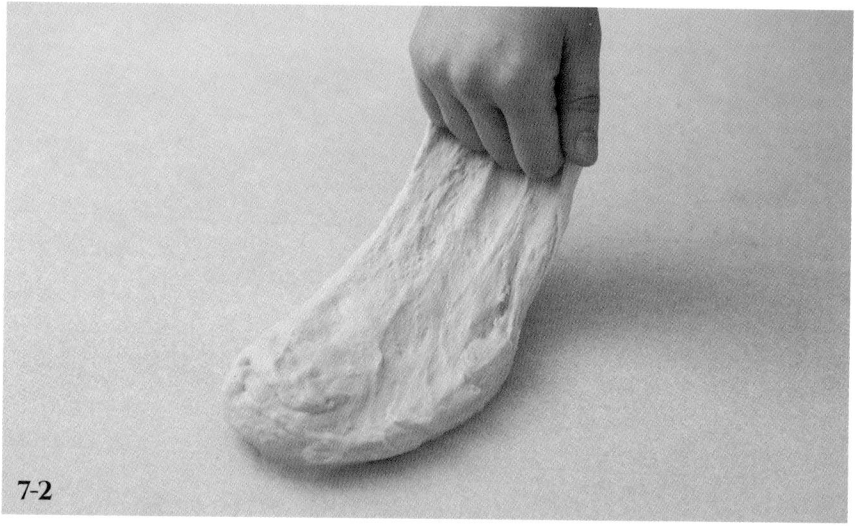
7-2

## STEP 3 반죽 내리치고 접기 (소요 시간 5~7분)

⑦ 반죽의 가장자리를 움켜쥔 뒤 팔에 힘을 빼고 20~30㎝ 높이에서 반죽을 바닥에 내리친다.

⑧ 내리친 반죽의 끝을 붙잡아 반대쪽으로 넘겨 접는다.

⑨ 반죽을 다시 들어 올려 바닥에 내리친다. 이 과정을 5~7분 동안 반복해 반죽의 탄성을 늘린다.

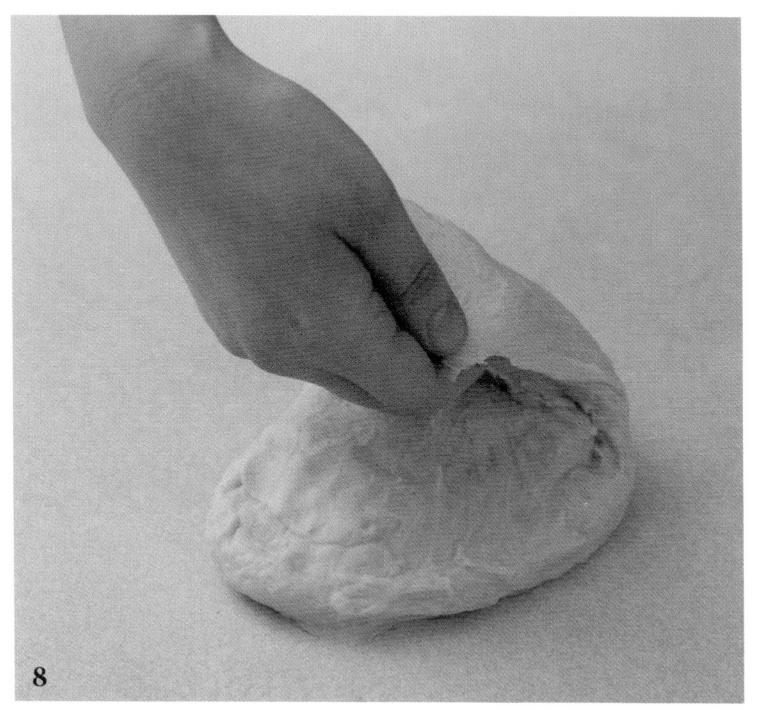
8

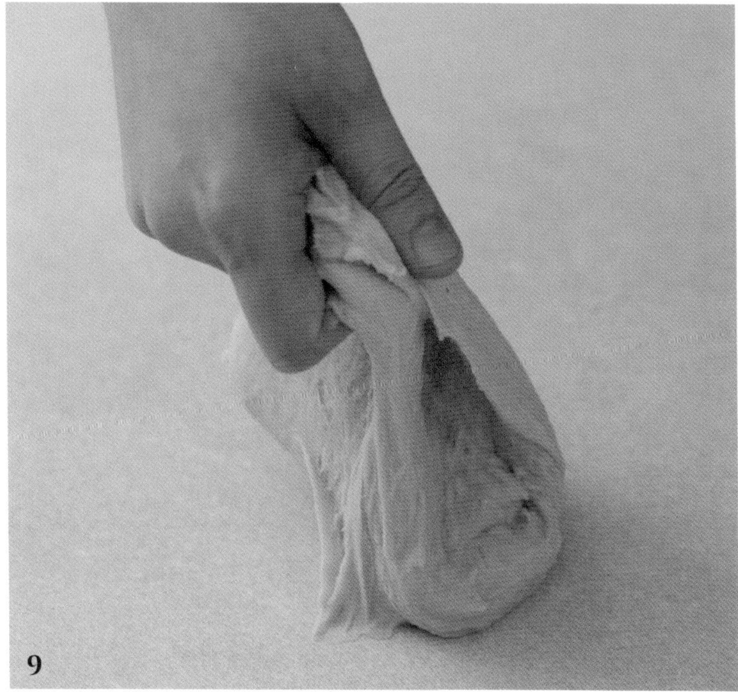
9

10

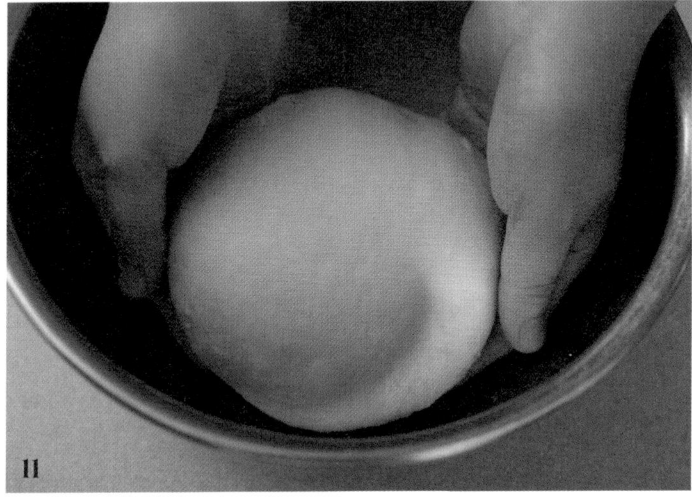
11

## STEP 4 반죽 동글리기 (소요 시간 1~2분)

⑩ 글루텐이 잘 형성된 반죽을 동글리기 하여 표면을 매끄럽게 정리한다.

⑪ 완성된 반죽을 볼에 담아 발효 과정으로 넘어가면 끝!

## 마미오븐 TIP

### 반죽 상태 알아보기

도대체 내 반죽이 어느 상태인지 알 수 없어 답답한 사람들은 여기 주목! 마미오븐이 글루텐 활성 단계에 따른 반죽의 모습을 지금 공개합니다.

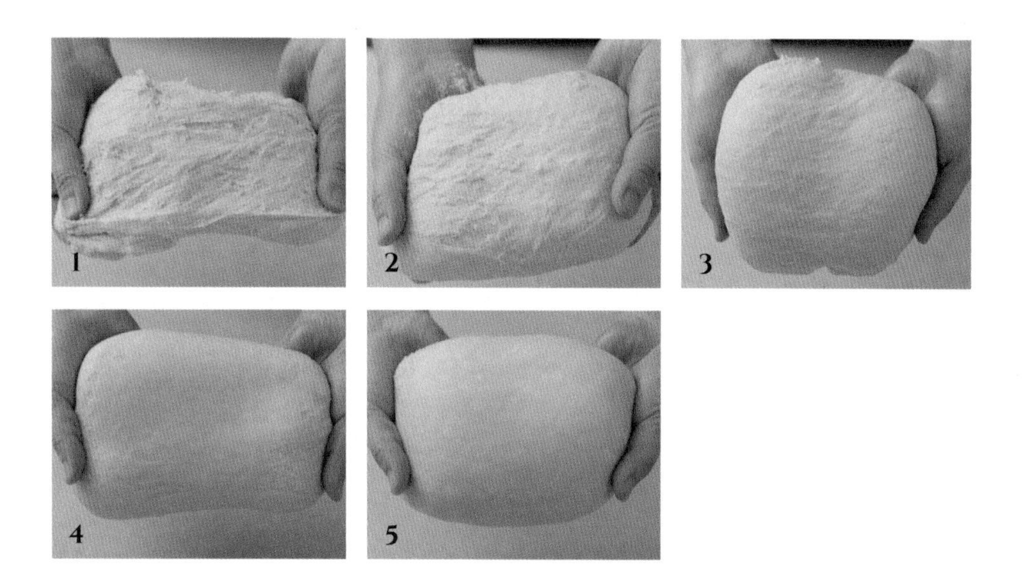

**01. 재료 섞기 후 15분간 휴지한 반죽**

재료를 가볍게 섞은 후 약 15분간 휴지했을 때의 모습입니다. 자연적으로 글루텐이 생성되어 반죽하기 좋은 상태가 되었습니다.

**02. 2~3분간 치대기를 한 반죽**

본격적으로 치대기 시작했으나 반죽 표면이 아직 매우 거친 상태죠. 힘을 주어 떼어냈을 때 뚝뚝 끊어지고 거칠게 찢어집니다.

**03. 7분 정도 치대기를 한 반죽**

글루텐이 조금 더 늘어났고 표면이 점점 매끄러워지고 있으며 하나의 덩어리로 변하고 있습니다. 하지만 아직 거친 느낌이 남아 있습니다.

**04. 2~3분간 내리치고 접기를 한 반죽**

글루텐이 어느 정도 생성된 상태로 탄력도 있지만 아직 반죽 곳곳에 거친 면이 존재합니다.

**05. 7분 정도 내리치고 접기를 한 반죽**

마미오븐의 손반죽 노하우로 완성된 반죽은 윤기가 가득합니다. 탄성이 매우 뛰어나 살짝 힘을 주면 쭉 늘어나고 가볍게 떼어내면 매끈하게 떨어집니다. 반죽을 아주 얇게 늘렸을 때 잘 뜯어지지 않고 구멍도 나지 않습니다. 이러한 반죽으로 빵을 만들면 쫄깃한 식감의 빵이 완성됩니다.

# CHAPTER 5 기본 발효

## 1차 발효

손반죽이 모두 끝난 반죽은 1차 발효, 중간 발효, 2차 발효 등 총 3단계의 발효 과정을 거쳐야만 합니다. 발효를 하는 동안 반죽에 넣은 이스트가 활발히 활동하면서 이스트를 내뿜고, 이것이 글루텐 구조 사이사이에 스며들어 반죽을 부풀리는 것이죠.

이러한 발효 과정에서 가장 중요한 단계가 바로 1차 발효입니다. 이때 어떻게 발효시키느냐에 따라서 빵의 풍미와 볼륨이 결정된다고 해도 과언이 아닙니다. 제대로 된 발효를 하기 위해서는 적당한 온도와 습도가 필요합니다. 1차 발효 시 최적의 조건은 온도 27~30℃, 습도 80% 내외. 이 조건을 기준으로 1시간 내외로 발효하면 됩니다.

하지만 발효에서 시간이 중요한 것은 아니에요. 계절에 따라 온도와 습도가 다르니 꼭 상태를 체크하는 것이 중요해요. 시시때때로 상태를 보고 반죽이 3배 정도 부풀어 오를 때까지 기다리면 됩니다. 굳이 최적의 상태를 만들기 위해 일부러 전자레인지에 반죽을 물과 함께 돌리거나 온돌 바닥 안에 두는 행동을 하지 않아도 됩니다. 그냥 실온에 두고 반죽이 충분히 부풀어 오를 때까지 기다려주세요.

1차 발효가 덜 된 반죽에서는 특유의 이스트 냄새가 나고 볼륨이 적어 빵을 만들어도 볼품이 없습니다. 반대로 발효가 너무 과해지면 반죽에서 시큼한 술 냄새가 나고 표면에 자잘한 거품이 생겨 제대로 된 빵이 완성되지 않습니다. 반죽 상태를 지켜보고 적절하게 발효되었는지 확인해주세요.

## 마미오븐 TIP

발효 상태 알아보기

### 01. 발효를 덜 했을 때 반죽 상태

반죽의 부피가 2~3배가 채 되지 못한 모습입니다. 발효가 덜 되었다는 뜻이죠. 이스트 냄새가 은은하게 나고 크기가 작고 볼륨이 없습니다. 검지에 덧가루를 묻혀 반죽 가운데를 누르는 핑거 테스트를 했을 때 손가락에 반죽이 묻어 나오고 손가락을 뺀 구멍의 크기가 줄어듭니다. 이때는 발효를 조금 더 진행해줍니다.

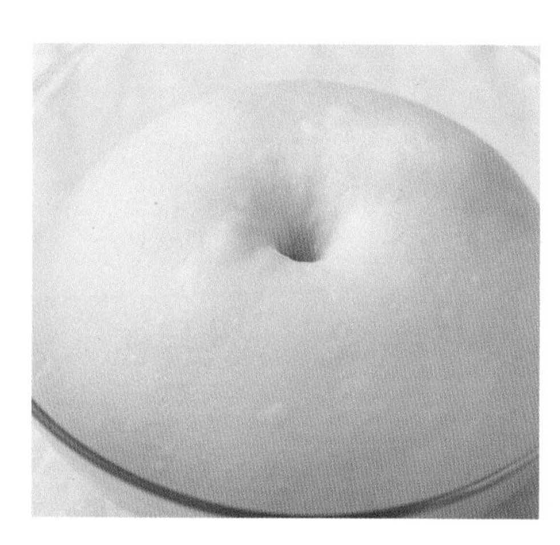

### 02. 발효를 알맞게 했을 때 반죽 상태

충분한 발효로 인해 반죽이 2~3배 정도 부풀었습니다. 겉면도 매끈하고 시큼한 냄새도 나지 않습니다. 핑거 테스트를 했을 때 손가락 구멍 자국이 줄어들지 않고 그대로 유지되면 발효가 잘 된 것입니다. 잘 발효된 반죽을 분할과 동글리기 과정을 거쳐 이산화탄소를 제거하면 1차 발효는 완성입니다.

### 03. 발효를 오래 했을 때 반죽 상태

너무 오래 발효시켰거나 온도의 습도가 높은 상태에 두어 과발효가 된 반죽입니다. 이스트가 과도하게 활성화하여 다량의 이산화탄소를 내뿜어 특유의 시큼한 술 냄새가 납니다. 거기에 표면이 보글보글 거품처럼 일어나면 과발효된 상태라고 볼 수 있습니다. 핑거 테스트를 했을 때 바람 빠진 풍선처럼 부피가 순식간에 줄어드는 걸 확인할 수 있어요. 과발효된 반죽은 빵의 결과물이 좋지 않으니 반죽이 과발효되지 않게 주의하세요.

## 마미오븐 TIP

### 분할 노하우 알아보기

① 발효된 반죽을 분할하기 좋게 다듬어준다.

② 잘 다듬어진 반죽을 스크래퍼를 이용해 임의로 나눠준다.

③ 나누어진 반죽 중 한 덩어리를 저울 위에 올려 무게를 정확히 측정한다.

④ 무게가 모자랄 경우 다른 반죽을 살짝 떼어내 ③의 아랫부분에 더한 뒤 다시 무게를 측정한다.

⑤ 반대로 무게가 초과했을 경우 반죽을 약간 덜어낸 뒤 다시 측정한다.

## ✦ 동글리기

동글리기는 단순히 반죽의 모양을 동그랗게 만드는 과정이 아니에요. 정성 가득한 손반죽을 통해 매끈해진 반죽을 한 번 더 정리하여 더욱더 쉽게 발효될 수 있도록 돕는 것이죠. 작업대와 사람의 손, 반죽이 이리저리 부딪히면서 마찰이 생겨 일종의 막을 만드는데, 이 막이 발효 시 이스트가 뿜어내는 이산화탄소를 모아주는 역할을 해요. 어때요? 동글리기, 생각보다 중요한 단계죠? 자, 그럼 제대로 된 동글리기 방법을 마미오븐이 알려줄게요!

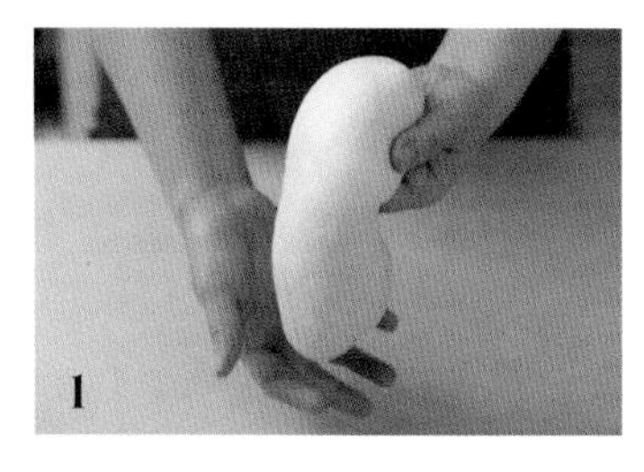
1

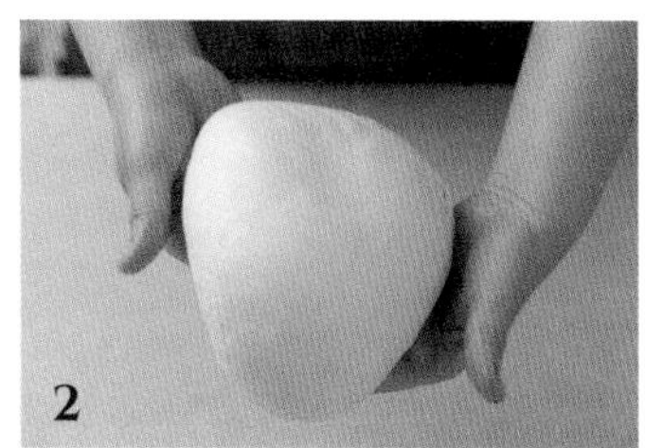
2

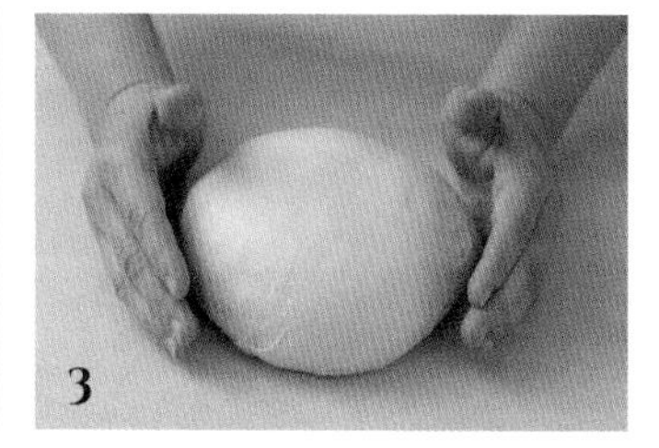
3

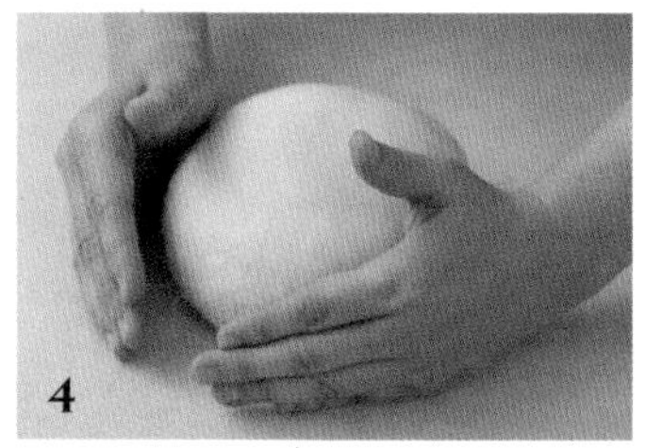
4

### 덩어리가 큰 반죽 동글리기

① 두 손으로 반죽을 들어 올리고 양쪽 끝을 살짝 잡아당긴다.

② 반죽 끝을 번갈아가며 아래로 밀어 넣으면서 정리한다.

③ 바닥에 반죽을 내려놓고 양손으로 조심스럽게 감싼다. 이때, 반죽과 손을 밀착하지 말고 사이에 약간의 공간을 만들어준다.

④ 손을 조금씩 움직여 반죽을 천천히 굴려준다. 단, 손날이 바닥에서 떨어지지 않도록 주의한다.

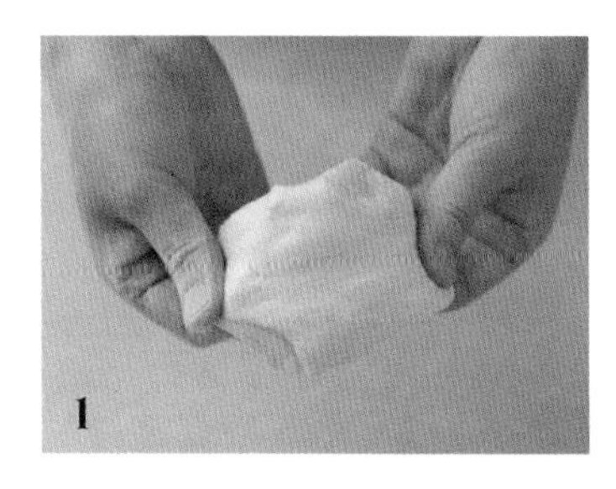
1

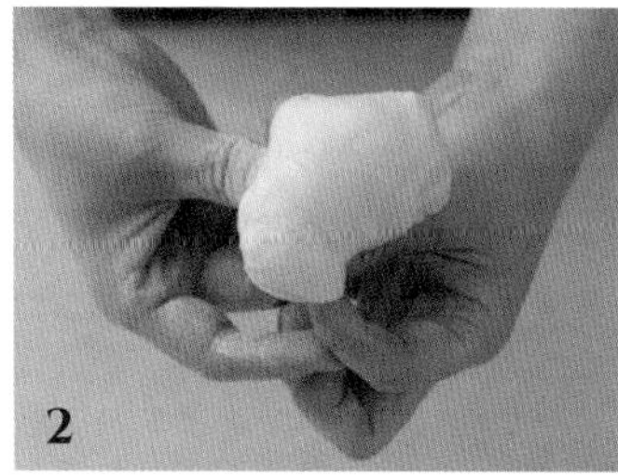
2

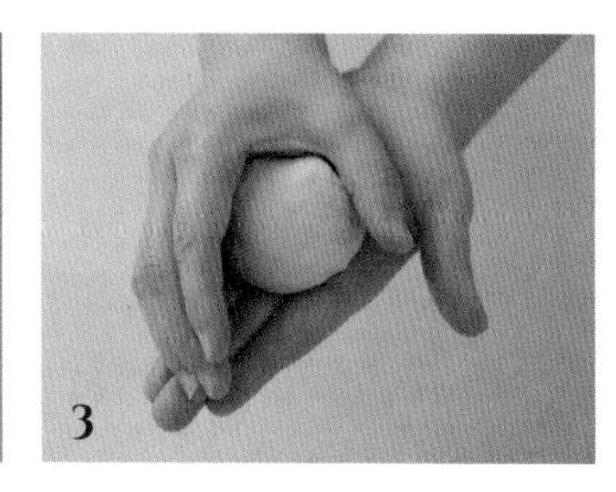
3

### 덩어리가 작은 반죽 동글리기

① 반죽의 끝부분을 잡고 살짝 끌어당긴다.

② 반죽 끝을 밑으로 접어가며 반죽을 정리한다.

③ 왼쪽손바닥에 반죽을 올리고 오른손으로 반죽을 살짝 움켜쥔 뒤 굴려준다. 이때, 반죽과 손바닥이 너무 밀착되지 않도록 주의한다.

## CHAPTER 5 기본 발효

### 중간 발효

1차 발효를 마친 반죽을 용도에 따라 분할하고 동글리기 한 뒤 겉면이 마르지 않도록 랩을 덮어 중간 발효시킵니다. 이 과정을 건너뛰고 곧바로 성형으로 넘어가는 경우가 있는데, 그렇게 되면 분할을 통해 손상된 글루텐이 회복되지 않아 유연성이 떨어져 빵을 망치게 됩니다. 충분한 휴식 시간을 통해 글루텐 회복은 물론 흩어졌던 가스가 다시 모이도록 해주세요.

### 2차 발효

중간 발효 이후 성형까지 모두 끝낸 반죽을 팬에 넣어 팬닝한 뒤 2차 발효합니다. 성형 과정에서 빠져나간 가스를 다시 결집하고 빵의 식감이 다시 살아날 수 있도록 하는 꼭 필요한 과정입니다. 2차 발효를 제대로 하지 않으면 딱딱한 식감의 빵이 완성됩니다. 또, 발효를 너무 과하게 하면 푸석거리고 시큼한 빵이 되니 주의하는 것이 좋습니다. 1차 발효 때 빵의 부피를 3배까지 부풀렸다면, 2차 발효 때는 2배 정도가 적당합니다. 반죽의 상태를 수시로 확인한 뒤 적당한 크기가 되면 오븐에 넣어 굽습니다.

### 마미오븐 TIP

**덧가루 뿌리는 방법 배워보기**

반죽 단계에서 흔히들 실수하는 것이 바로 덧가루 뿌리기예요. 덧가루를 너무 많이 뿌리면 반죽이 뻑뻑해져서 제대로 된 빵이 나오지 않거든요. 빵을 조금 더 완벽하게 만들어줄 덧가루 뿌리기 노하우, 지금 공개할게요!

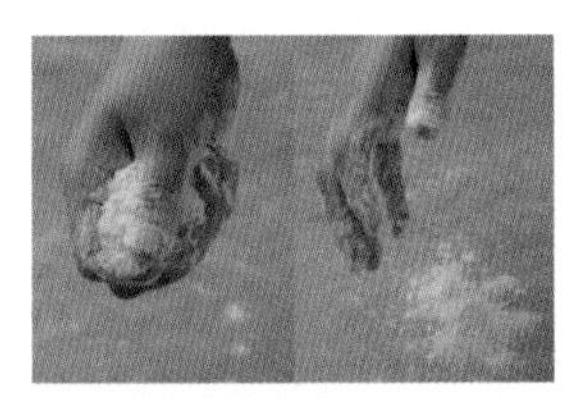

**01. 잘못된 예시**

지금까지 아무 생각 없이 밀가루를 움켜쥐고 던지듯 뿌렸다면 NG! 이러한 손동작은 밀가루 양 조절이 어려워 예상보다 많은 양의 밀가루를 반죽에 뿌리게 되니 조심해야 합니다.

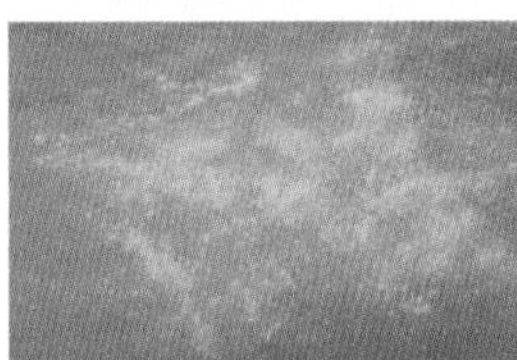

**02. 잘못된 결과**

작업대 바닥에 많은 양의 밀가루가 뭉쳐 있는 모습을 볼 수 있어요. 이 상태에서 반죽을 올려 작업하면 반죽의 수분을 모두 빼앗기게 됩니다.

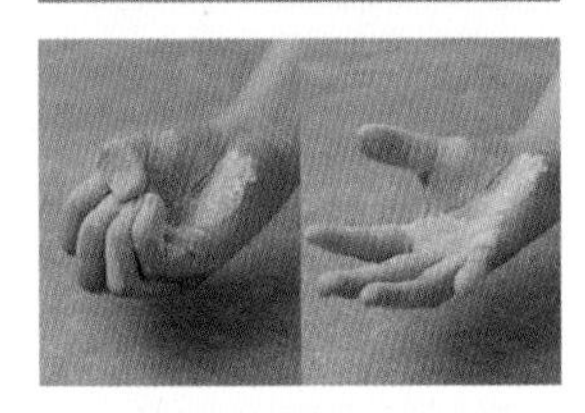

**03. 바른 예시**

손에 밀가루를 살짝 묻힌 뒤 손바닥을 위로 향하게 펼치세요. 그리고 손가락을 모아준 후 약간의 반동을 주어 다시 손가락을 펼치면 자연스럽게 손에 묻은 밀가루가 떨어져 반죽에 살포시 안착합니다. 이 동작을 하면 딱 필요한 양만큼의 덧가루를 사용할 수 있어요.

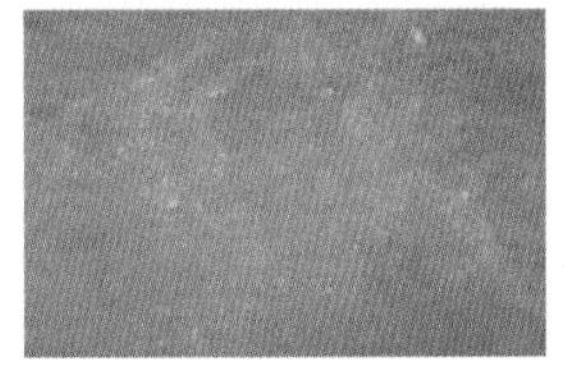

**04. 바른 결과**

적당한 양의 밀가루가 바닥에 골고루 흩어져 있습니다. 덧가루는 반죽을 조금 더 수월하게 할 수 있도록 도움을 주는 역할이기 때문에 많은 양의 밀가루를 사용할 필요가 없습니다.

# BONUS PART 1 베이킹 주의 사항

뜨거운 온도에서 빵을 굽고 각종 도구를 사용해야 하는 베이킹. 혹시 모를 사고를 위해 주의 사항을 늘 가슴에 새겨두어야만 합니다. 이제 막 베이킹에 입문한 초보자도 안전하게 빵을 만들 수 있도록 마미오븐이 주의 사항을 알려드릴게요!

### 01. 청결 유지하기

우리 가족 입으로 들어갈 빵을 만드는 것이니만큼 청결에 신경 써야 합니다. 베이킹은 가루 재료를 많이 사용해 주변이 쉽게 지저분해져요. 재료를 사용하면 바로 정리하고 더 이상 쓰지 않는 것들은 반드시 밀봉해 제자리에 놓아주세요. 반죽하기 전 손 씻기는 기본 중의 기본! 제빵에 사용된 도구들도 깨끗이 씻은 뒤 햇빛에 바짝 말려 소독해야 한다는 사실을 잊지 마세요.

### 02. 오븐 장갑 반드시 착용하기

오븐 장갑을 착용하지 않은 채 오븐 문을 열거나 달궈진 팬을 잡다가는 화상을 입기 십상이에요. 반드시 오븐 장갑을 착용하고 될 수 있으면 두꺼운 천 장갑 또는 실리콘 재질로 되어 있는 것을 선택해 손을 보호하도록 합니다. 또한, 장갑이 젖어 있는 상태에서 오븐 팬을 만지면 화상을 입을 수 있어요. 장갑이 젖어 있는지 반드시 체크한 뒤 사용하세요.

### 03. 날카로운 도구 조심하기

제빵 도구 중에 날카로운 것들이 있습니다. 바로 빵을 자를 때 사용하는 칼과 스크래퍼, 핸드 믹서 등이 대표적이에요. 사용하다가 한눈을 팔게 되면 크게 다칠 수도 있으니 조심해야 해요. 날카로운 부분이 손에 닿지 않도록 주의하고 천천히 집중하면서 사용하도록 노력합니다.

### 04. 푸드 프로세서 설명서 읽기

핸드 믹서, 가정용 제빵기, 오븐 등 다양한 푸드 프로세서를 사용해야 하는 제빵 과정. 설명서를 반드시 읽어 기계를 제대로 사용하는 것이 중요합니다. 같은 종류의 푸드 프로세서라도 브랜드마다 기능이 다르기 때문에 자신이 가지고 있는 기계에 정확한 이해가 필요합니다.

### 05. 레시피 순서 지키기

간혹 정해진 레시피를 따라 하지 않고 마음대로 재료를 바꾸고 순서를 변경하는 분들이 계시더라고요. 순서를 바꾸면 글루텐이 제대로 생성되지 않거나 재료가 잘 섞이지 않아 빵을 망치게 됩니다. 반드시 정해진 레시피의 순서를 따라서 차근차근 빵을 만들어주세요.

### 06. 재료 유통기한 확인하기

베이킹에 사용되는 재료 중 실온에 보관하는 것들은 대부분 유통기한이 긴 편이에요. 그래서 오히려 더 유통기한을 잊어버리는 경우가 많죠. 이를 방지하기 위해 재료를 구매하고 사용한 날을 네임 스티커에 적어 붙여두는 것이 좋습니다. 냉장 재료인 우유나 크림치즈, 달걀 등은 비교적 유통기한이 짧은 편이니 되도록 빠르게 사용하는 것을 추천합니다.

# BASIC BREAD

따끈따끈 맛있는 식빵

# 우유 식빵

 NO EGG RECIPE

달걀 없이 우유로 만든 담백하고 고소한 식빵이에요. 100% 우유만 사용했기 때문에 구움 색이 다른 식빵보다 조금 진하게 날 수 있어요. 반죽을 오븐에 넣은 후 식빵 색을 잘 체크하며 구워주세요. 미니 오븐의 경우 굽는 중간에 포일을 덮어주는 것도 좋은 방법입니다.

**난이도** ★☆☆☆☆

**분량** 오란다팬(16.5cm X 8.5cm X 6.5cm) 3개 분량

**적정 반죽 온도** 27~28℃

**오븐 온도** 170~180℃로 15~20분(컨벡션 오븐 기준)

**재료**
강력분 360g
우유 260g
인스턴트 드라이 이스트(고당용) 6g
설탕 40g
소금 6g
무염 버터 30g

**계절별 우유 사용 온도**

| 봄, 가을 | 여름 | 겨울 |
|---|---|---|
| 실온에 30분 정도 둔 것<br>(냉기가 빠진 정도) | 냉장 보관한 것 | 전자레인지에 20초간 돌린 것 |

**사전 준비**
① 재료 계량하기
② 도구 준비하기
③ 버터는 실온에 미리 꺼내두기
④ 반죽의 2차 발효가 50% 정도 진행된 후 190~195℃로 오븐 예열하기

## RECIPE

### STEP 1 반죽하기

① 우유에 계량한 이스트를 넣고 섞은 뒤 설탕과 소금을 추가하고 잘 젓는다.

② ①에 강력분을 넣고 날가루가 없어질 때까지 가볍게 섞는다.

③ ②를 랩으로 감싼 후 실온에 15분간 그대로 둔다. 숙성된 반죽을 꺼내 마미오븐의 손반죽 법에 따라 열심히 반죽한다. (27p 참고)

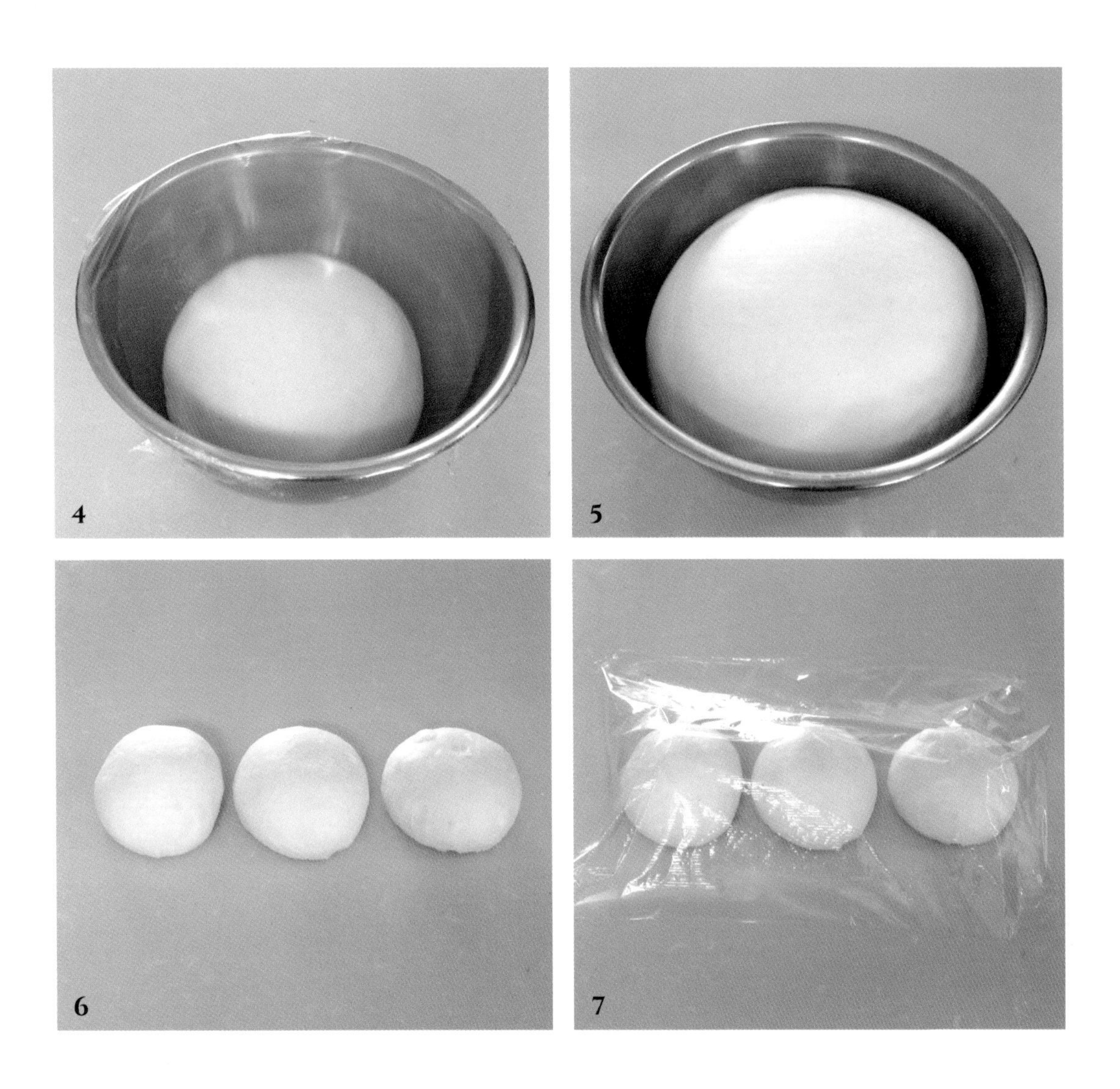

## STEP 2 1차 발효하기

④ 볼에 반죽을 넣고 랩이나 젖은 면포를 덮어 반죽이 마르지 않도록 한다.

⑤ ④를 실온에 두고 반죽의 부피가 약 2~3배가 되도록 약 1시간 정도 1차 발효한다.

## STEP 3 분할 & 중간 발효

⑥ 1차 발효를 마친 반죽을 3등분으로 분할 후 동글리기를 해준다.

⑦ ⑥에 랩이나 젖은 면포를 덮은 뒤 실온에서 약 15분간 중간 발효한다.

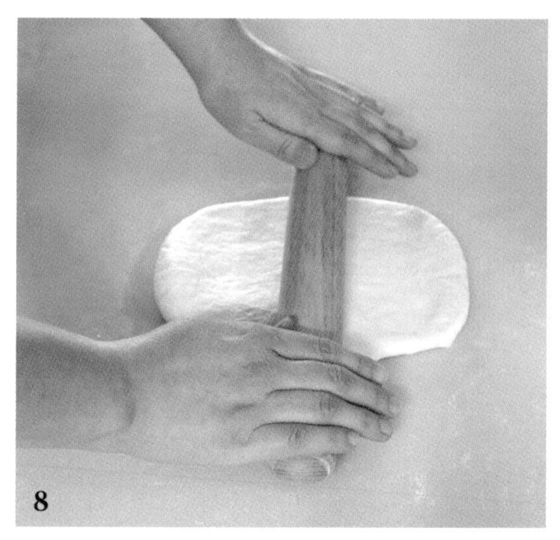

8

9

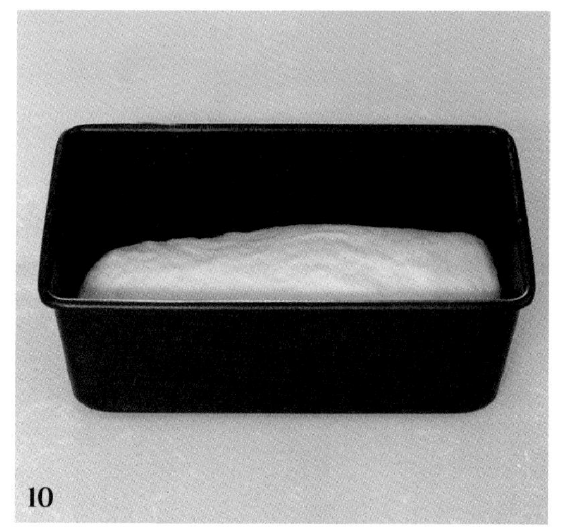

10

11

## STEP 4 성형

⑧ 반죽의 매끈한 면을 바닥에 놓고 가볍게 눌러 가스를 뺀 후 가로 15㎝, 세로 18㎝가 되도록 밀대로 밀어준다. 반죽의 가로 폭이 팬의 가로 폭을 넘지 않도록 주의한다.

⑨ 밀대로 충분히 민 반죽을 돌돌 말아준 뒤 이음매 부분을 꼬집어 여며준다.

## STEP 5 팬닝 & 2차 발효

⑩ 팬에 반죽의 이음매가 아래로 가도록 놓은 후 손으로 반죽을 살짝 눌러준다.

⑪ 반죽의 표면이 마르지 않도록 랩으로 덮고 2차 발효를 시작한다. 반죽이 팬의 약 1㎝ 높이까지 부푸는 것을 기준으로 한다.

## STEP 6 굽기

⑫ 170~180℃로 예열된 오븐에 반죽을 넣고 15~20분 정도 굽는다.

⑬ 잘 익은 반죽을 오븐에서 꺼내자마자 팬을 20~30㎝ 높이로 들고 큰 소리가 날 정도로 내리쳐 쇼크를 준다.

⑭ 분리된 빵을 식힘망에 올린 뒤 붓을 활용해 녹인 버터를 윗면에 골고루 바른다.

### 마미오븐 TIP

계절별 온도와 습도, 반죽 온도 등에 따라 발효 시간에 차이가 날 수 있어요. 예를 들어 무더운 여름에는 발효가 1시간이 채 걸리지 않고, 추운 겨울에는 1시간 이상 소요되는 것이죠. 발효는 시간보다 반죽의 부피가 약 2~3배 정도 부푸는 상태를 기준으로 체크해주세요. 또한, 오븐의 사양에 따라 굽기 시간이 차이 날 수 있으니 꼭 노릇한 황금 갈색 구움 색을 확인해주세요!

# 감자 식빵

고소하고 맛있어서 남녀노소 누구에게나 사랑받는 감자. 포슬포슬한 햇감자가 나오는 여름에 특별한 감자 식빵을 만들어봅시다! 감자를 듬뿍 넣어 영양분도 가득하고 한 끼 식사로도 든든해 아주 좋답니다.

**난이도** ★★★☆☆

**분량** 옥수수식빵팬(21.5㎝ X 9.5㎝ X 9.5㎝) 1개 분량

**적정 반죽 온도** 27~28℃

**오븐 온도** 170~180℃로 25~30분(컨벡션 오븐 기준)

**재료**
강력분 250g
우유 150g
인스턴트 드라이 이스트(저당용) 5g
설탕 20g
소금 5g
찐 감자 100g
무염 버터 25g

**계절별 우유 사용 온도**

| 봄, 가을 | 여름 | 겨울 |
|---|---|---|
| 실온에 30분 정도 둔 것 (냉기가 빠진 정도) | 냉장 보관한 것 | 전자레인지에 20초간 돌린 것 |

**사전 준비**
① 재료 계량하기
② 도구 준비하기
③ 버터는 실온에 미리 꺼내두기
④ 따뜻한 찐 감자를 잘게 으깨어 한 김 식혀주기
⑤ 반죽의 2차 발효가 50% 정도 진행된 후 190~195℃로 오븐 예열하기

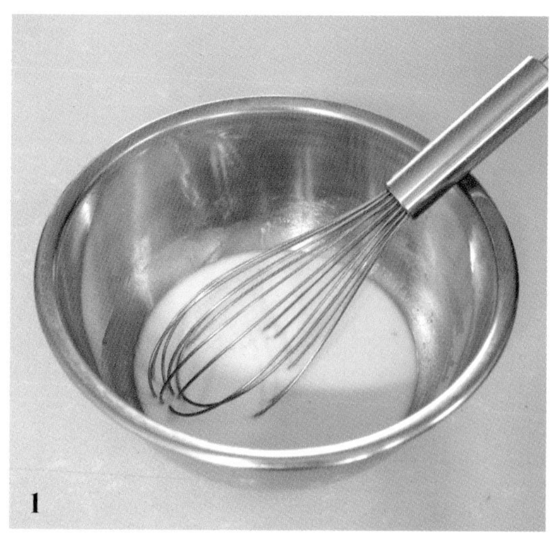

1

2

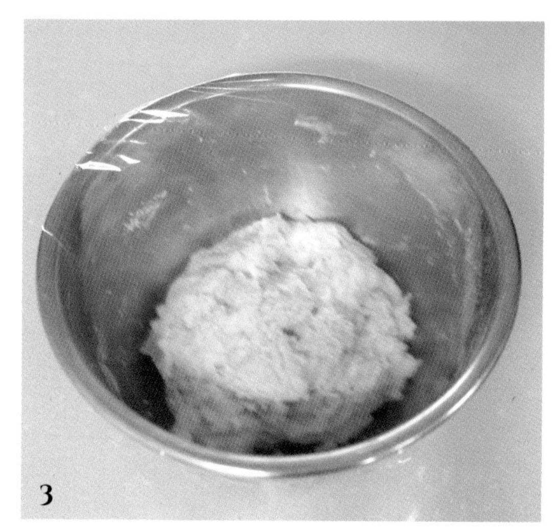

3

# RECIPE

## STEP 1 반죽하기

① 미리 준비한 찐 감자에 우유를 넣고 섞은 후 계량한 이스트와 설탕, 소금을 추가하고 잘 저어준다.

② ①에 강력분을 넣고 날가루가 없어질 때까지 가볍게 섞는다.

③ ②를 랩으로 꼼꼼하게 감싼 후 실온에 15분간 그대로 둔다. 숙성된 반죽을 꺼내 마미오븐의 손반죽 법에 따라 열심히 반죽한다. (27p 참고)

## STEP 2 1차 발효하기

④ 볼에 반죽을 넣고 랩이나 젖은 면포를 덮어 반죽이 마르지 않도록 한다.

⑤ ④를 실온에 두고 반죽의 부피가 약 2~3배가 되도록 약 1시간 정도 1차 발효한다.

## STEP 3 분할 & 중간 발효

⑥ 1차 발효를 마친 반죽을 가볍게 눌러 가스를 빼고 동글리기를 시작한다.

⑦ ⑥에 랩이나 젖은 면포를 덮은 뒤 실온에서 약 15분간 중간 발효한다.

8

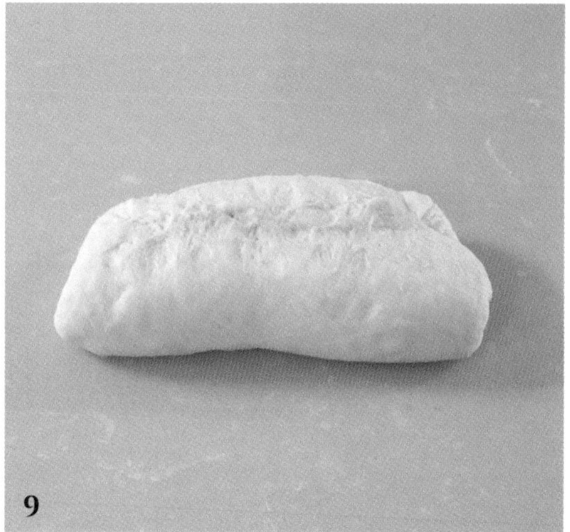
9

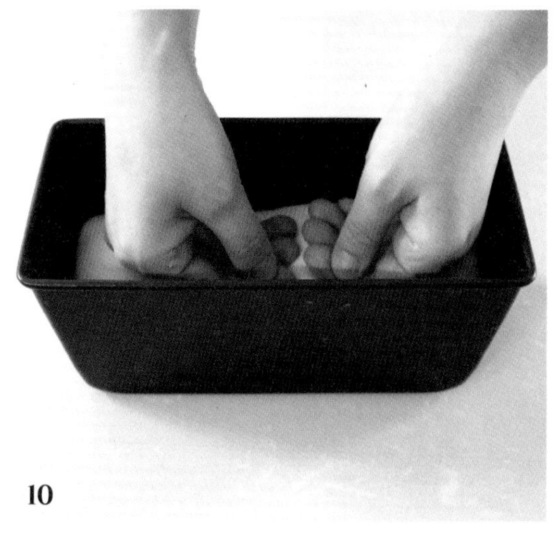
10

11

## STEP 4 성형

⑧ 반죽의 매끈한 면을 바닥에 놓고 가볍게 눌러 가스를 뺀 후 가로 20㎝, 세로 30㎝가 되도록 밀대로 밀어준다. 반죽의 가로 폭이 팬의 가로 폭을 넘지 않도록 주의한다.

⑨ 밀대로 충분히 민 반죽을 돌돌 말아준 뒤 이음매 부분을 꼬집어 여며준다.

## STEP 5 팬닝 & 2차 발효

⑩ 팬에 반죽의 이음매가 아래로 가도록 놓은 후 손으로 반죽을 살짝 눌러준다.

⑪ 반죽의 표면이 마르지 않도록 랩으로 덮고 2차 발효를 시작한다. 반죽이 팬의 약 1㎝ 높이까지 부푸는 것을 기준으로 한다.

12

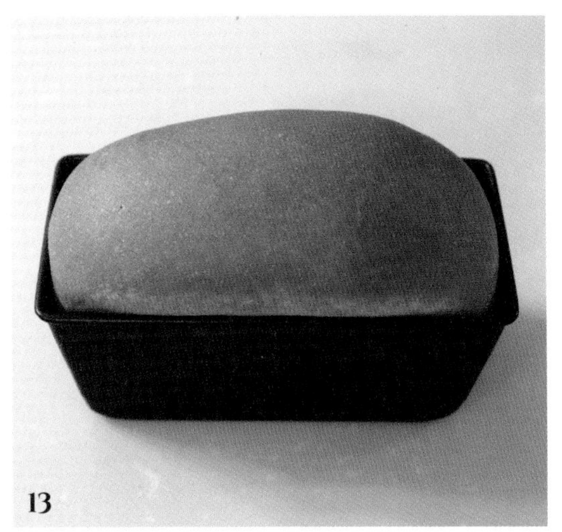
13

14

## STEP 6 굽기

⑫ 170~180℃로 예열된 오븐에 반죽을 넣고 25~30분 정도 굽는다.

⑬ 잘 익은 반죽을 오븐에서 꺼내자마자 팬을 20~30㎝ 높이로 들고 큰 소리가 날 정도로 내리쳐 쇼크를 준다.

⑭ 분리된 빵을 식힘망에 올린 뒤 붓을 활용해 녹인 버터를 윗면에 골고루 바른다.

### 마미오븐 TIP

따뜻한 감자를 그대로 사용하면 재료가 익거나 과발효 상태를 불러올 수 있어요. 감자 식빵을 만들기 전 적당하게 쪄진 감자를 으깬 뒤 충분히 식혀서 사용하세요.

# 생크림 식빵

 NO EGG RECIPE

부드럽고 촉촉한 식빵을 먹고 싶다면 생크림 식빵에 도전해보세요! 생크림 특유의 풍미가 더해져 입에 넣으면 사르르 녹는 맛있는 식빵이 완성된답니다. 먹다 남은 생크림을 처리할 때도 아주 좋은 레시피예요.

**난이도** ★☆☆☆☆

**분량** 풀먼식빵팬(18cm X 13.5cm X 12.5cm) 1개 분량

**적정 반죽 온도** 27~28℃

**오븐 온도** 170~180℃로 25~30분(컨벡션 오븐 기준)

**재료**
강력분 350g
물 60g
인스턴트 드라이 이스트(저당용) 6g
우유 160g
설탕 28g
소금 6g
생크림 60g

**계절별 우유 사용 온도**

| 봄, 가을 | 여름 | 겨울 |
|---|---|---|
| 실온에 30분 정도 둔 것<br>(냉기가 빠진 정도) | 냉장 보관한 것 | 전자레인지에 20초간 돌린 것 |

**계절별 물 사용 온도**

| 봄, 가을 | 여름 | 겨울 |
|---|---|---|
| 차가운 수돗물 온도인 것 | 냉장 보관한 것 | 전자레인지에 15초간 돌린 것 |

**사전 준비**
① 재료 계량하기
② 도구 준비하기
③ 생크림은 봄, 가을, 겨울에는 실온에 둔 것을, 여름에는 냉장 보관한 것을 사용하기
④ 반죽의 2차 발효가 50% 정도 진행된 후 190~195℃로 오븐 예열하기

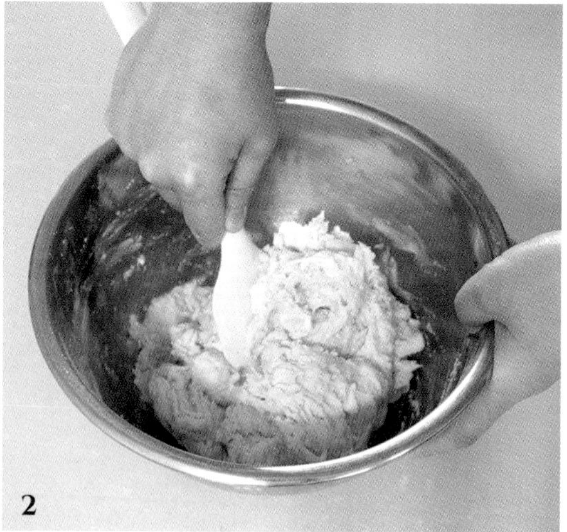

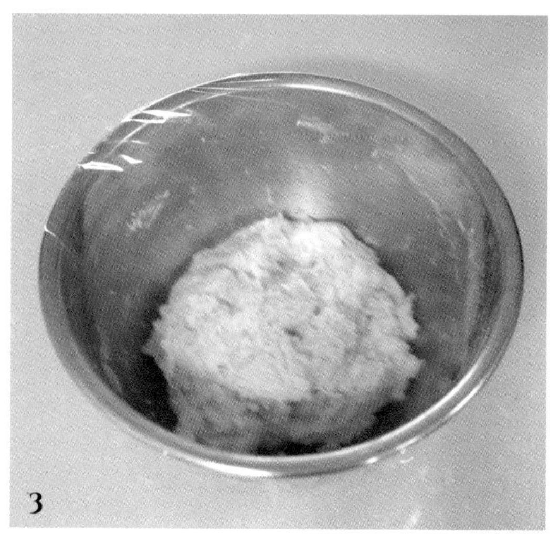

## RECIPE

### STEP 1 반죽하기

① 물에 계량한 이스트를 넣고 섞은 뒤 우유와 생크림, 설탕, 소금을 추가하고 잘 젓는다.

② ①에 강력분을 넣고 날가루가 없어질 때까지 가볍게 섞는다.

③ ②를 랩으로 꼼꼼하게 감싼 후 실온에 15분간 그대로 둔다. 숙성된 반죽을 꺼내 마미오븐의 손반죽 법에 따라 열심히 반죽한다. (27p 참고) 단, 다른 식빵과 달리 반죽 시 버터를 넣지 않는다.

## STEP 2 1차 발효하기

④ 볼에 반죽을 넣고 랩이나 젖은 면포를 덮어 반죽이 마르지 않도록 한다.

⑤ ④를 실온에 두고 반죽의 부피가 약 2~3배가 되도록 약 1시간 정도 1차 발효한다.

## STEP 3 분할 & 중간 발효

⑥ 1차 발효를 마친 반죽을 2등분으로 분할 후 동글리기를 한다.

⑦ ⑥에 랩이나 젖은 면포를 덮은 뒤 실온에서 약 15분간 중간 발효한다.

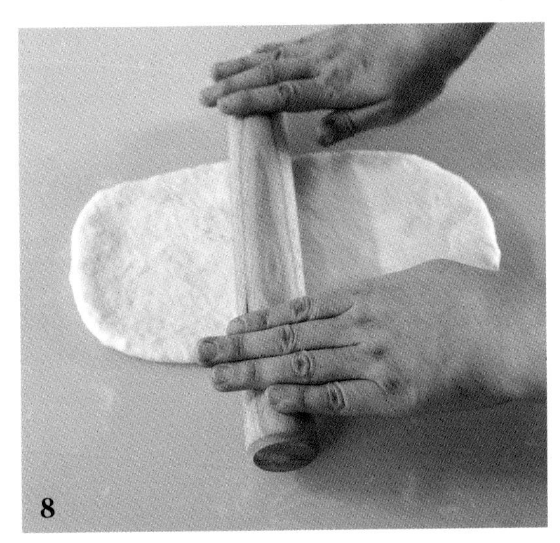
8

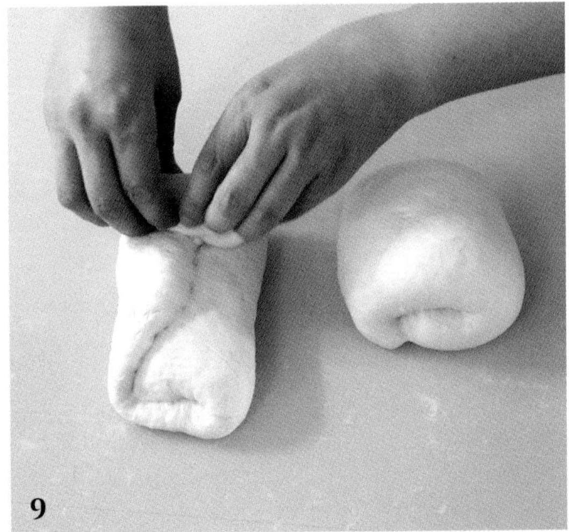
9

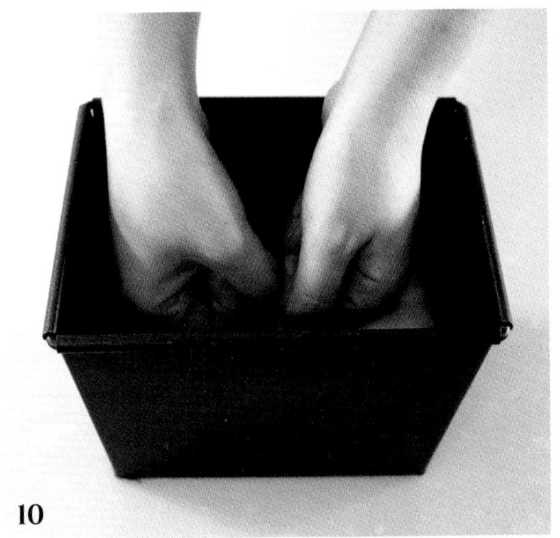
10

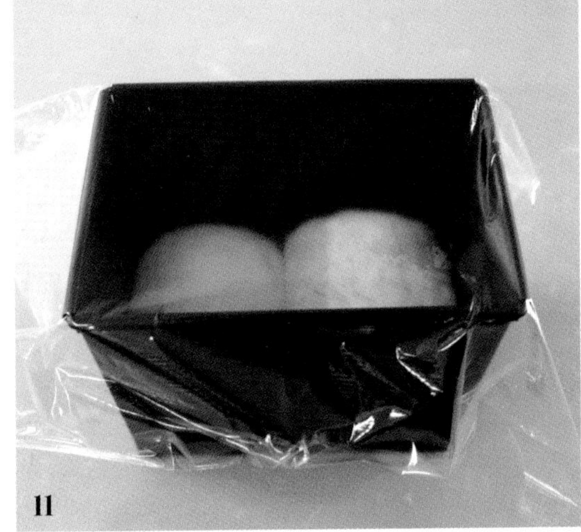
11

## STEP 4 성형

⑧ 반죽의 매끈한 면을 바닥에 놓고 가볍게 눌러 가스를 뺀 후 가로 20㎝, 세로 30㎝가 되도록 밀대로 밀어준다.

⑨ 밀대로 밀어 편 반죽을 3겹으로 접고 돌돌 말아준 뒤 이음매 부분을 꼬집어 여며준다.

## STEP 5 팬닝 & 2차 발효

⑩ 팬에 반죽의 이음매가 아래로 가도록 놓은 후 손으로 반죽을 살짝 눌러준다.

⑪ 반죽의 표면이 마르지 않도록 랩으로 덮고 2차 발효를 시작한다. 반죽이 팬의 약 1㎝ 높이까지 부푸는 것을 기준으로 한다.

12

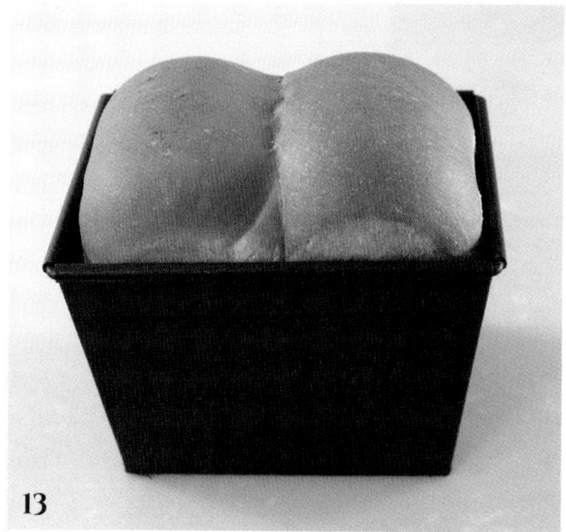
13

14

## STEP 6 굽기

⑫ 170~180℃로 예열된 오븐에 반죽을 넣고 25~30분 정도 굽는다.

⑬ 잘 익은 반죽을 오븐에서 꺼내자마자 팬을 20~30㎝ 높이로 들고 큰 소리가 날 정도로 내리쳐 쇼크를 준다.

⑭ 분리된 빵을 식힘망에 올린 뒤 붓을 활용해 녹인 버터를 윗면에 골고루 바른다.

### 마미오븐 TIP

생크림 식빵은 다른 식빵 레시피와 달리 반죽 시 버터를 넣지 않아요. 생크림에 지방 성분이 많기 때문에 버터를 넣지 않아도 충분히 맛을 낼 수 있거든요. 오히려 생크림을 넣음으로써 우유의 담백하고 고소한 맛을 배가하여 더욱 더 깊은 풍미를 즐길 수 있으니 참고하세요!

# 탕종 식빵

 NO EGG RECIPE

뜨거운 물에 밀가루를 넣어 반죽해 탄력 있고 쫄깃한 식감을 구현하는 제법인 탕종법. 식빵을 만들 때도 이 탕종법을 사용할 수 있답니다. 저는 일반적인 탕종이 아닌 우유를 활용한 탕종을 넣어 더 담백하고 진한 맛의 빵을 만들었어요. 마미오븐만의 특별한 탕종 식빵 레시피를 지금 공개합니다!

**난이도** ★★★★☆

**분량** 풀먼식빵팬(18㎝ X 13.5㎝ X 12.5㎝) 1개 분량

**적정 반죽 온도** 27~28℃

**오븐 온도** 170~180℃로 25~30분(컨벡션 오븐 기준)

**재료**
강력분 330g
우유 160g
인스턴트 드라이 이스트(저당용) 8g
설탕 20g
소금 6g
무염 버터 25g

탕종(강력분 30g + 우유 120g) 100g

**계절별 우유 사용 온도**

| 봄, 가을 | 여름 | 겨울 |
|---|---|---|
| 실온에 30분 정도 둔 것<br>(냉기가 빠진 정도) | 냉장 보관한 것 | 전자레인지에 20초간 돌린 것 |

**사전 준비**
① 재료 계량하기
② 도구 준비하기
③ 버터 실온에 미리 꺼내두기
④ 반죽의 2차 발효가 50% 정도 진행된 후 190~195℃로 오븐 예열하기

# RECIPE

## STEP 1 탕종 만들기

① 강력분과 우유를 1:4 비율로 넣은 후 중약불에 올리고 계속 저으면서 한 덩어리가 될 때까지 섞는다.

② 완성된 탕종을 실온에 두어 한 김 식히고 밀폐 용기에 담아 냉장고에 넣어 6시간 숙성시킨다.

## STEP 2 반죽하기

③ 우유에 계량한 이스트를 넣고 섞은 뒤 설탕과 소금을 추가하여 잘 저어준다. 미리 만들어 실온에 1시간 정도 둔 탕종과 강력분을 더해 날가루가 없어질 때까지 가볍게 섞는다.

④ ③을 랩으로 꼼꼼하게 감싼 후 실온에 15분간 그대로 둔다. 숙성된 반죽을 꺼내 마미오븐의 손반죽 법에 따라 열심히 반죽한다. (27p 참고)

## STEP 3 1차 발효하기

⑤ 볼에 반죽을 넣고 랩이나 젖은 면포를 덮어 반죽이 마르지 않도록 한다.

⑥ ⑤를 실온에 두고 반죽의 부피가 약 2~3배가 되도록 약 1시간 정도 1차 발효한다.

## STEP 4 분할 & 중간 발효

⑦ 1차 발효를 마친 반죽을 2등분으로 분할 후 동글리기를 한다.

⑧ ⑦에 랩이나 젖은 면포를 덮은 뒤 실온에서 약 15분간 중간 발효한다.

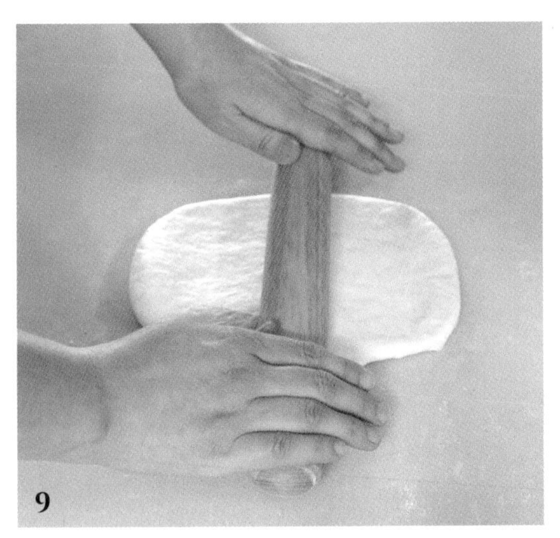
9

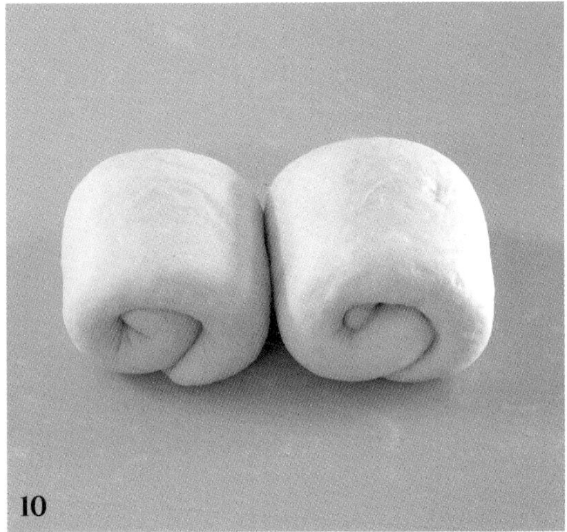
10

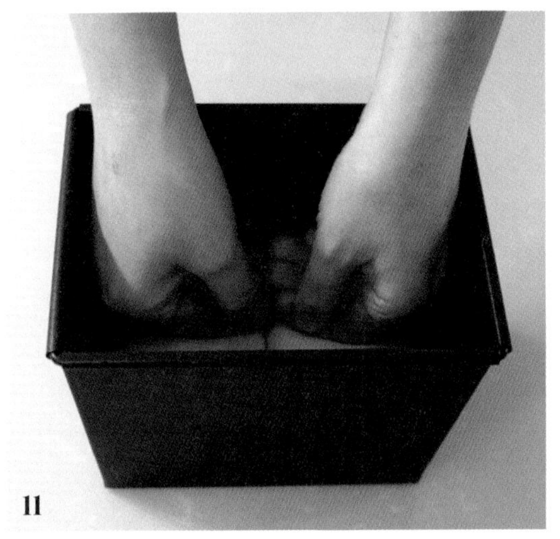
11

12

## STEP 5 성형

⑨ 반죽의 매끈한 면을 바닥에 놓고 가볍게 눌러 가스를 뺀 후 가로 20cm, 세로 30cm가 되도록 밀대로 밀어준다.

⑩ 밀대로 밀어 편 반죽을 3겹으로 접고 돌돌 말아준 뒤 이음매 부분을 꼬집어 여며준다.

## STEP 6 팬닝 & 2차 발효

⑪ 팬에 반죽의 이음매가 아래로 가도록 놓은 뒤 손으로 반죽을 살짝 눌러준다.

⑫ 반죽의 표면이 마르지 않도록 랩으로 덮고 2차 발효를 시작한다. 반죽이 팬의 약 1cm 높이까지 부푸는 것을 기준으로 한다.

13

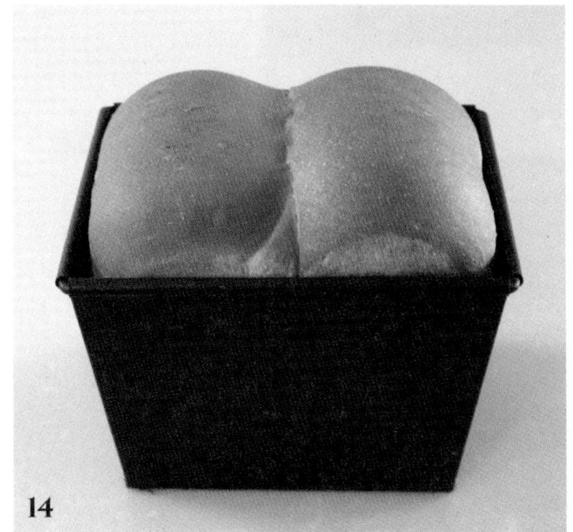
14

15

## STEP 7 굽기

⑬ 170~180℃로 예열된 오븐에 반죽을 넣고 25~30분 정도 굽는다.

⑭ 잘 익은 반죽을 오븐에서 꺼내자마자 팬을 20~30㎝ 높이로 들고 큰 소리가 날 정도로 내리쳐 쇼크를 준다.

⑮ 분리된 빵을 식힘망에 올린 뒤 붓을 활용해 녹인 버터를 윗면에 골고루 바른다.

### 마미오븐 TIP

탕종을 만들 때 최소 6시간 냉장 숙성 과정이 꼭 필요합니다. 그렇게 만든 탕종을 사용하기 전 미리 꺼내 실온에서 냉기를 뺀 뒤 반죽에 넣어주세요. 참고로 탕종은 3일간 냉장 보관이 가능합니다.

# 호텔 식빵

호텔 식빵은 이름 그대로 호텔에서 파는 듯한 식빵을 뜻해요. 버터와 설탕의 비율이 높아 깊은 풍미를 느낄 수 있죠. 특별한 날, 소중한 사람을 위해 만들기 안성맞춤인 메뉴랍니다.

**난이도** ★★★☆☆

**분량** 오란다팬(16.5㎝ X 8.5㎝ X 6.5㎝) 2개 분량

**적정 반죽 온도** 27~28℃

**오븐 온도** 170~180℃로 15~20분(컨벡션 오븐 기준)

**재료**
강력분 250g, 물 55g
인스턴트 드라이 이스트(고당용) 5g
우유 50g, 달걀 1개
설탕 20g
물엿 20g
소금 5g
무염 버터 40g

**장식용 버터 재료**
무염 버터 15g
설탕 적당량

**계절별 우유 사용 온도**

| 봄, 가을 | 여름 | 겨울 |
|---|---|---|
| 실온에 30분 정도 둔 것<br>(냉기가 빠진 정도) | 냉장 보관한 것 | 전자레인지에 20초간 돌린 것 |

**계절별 물 사용 온도**

| 봄, 가을 | 여름 | 겨울 |
|---|---|---|
| 차가운 수돗물 온도인 것 | 냉장 보관한 것 | 전자레인지에 15초간 돌린 것 |

**사전 준비**
① 재료 계량하기
② 도구 준비하기
③ 버터는 실온에 미리 꺼내두기
④ 달걀은 봄, 가을, 겨울에는 실온에 둔 것을, 여름에는 냉장 보관한 것을 사용하기
⑤ 반죽의 2차 발효가 50% 정도 진행된 후 190~195℃로 오븐 예열하기

1

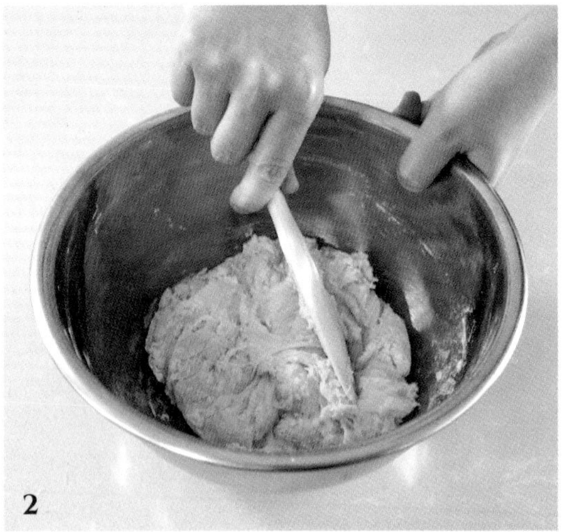

2

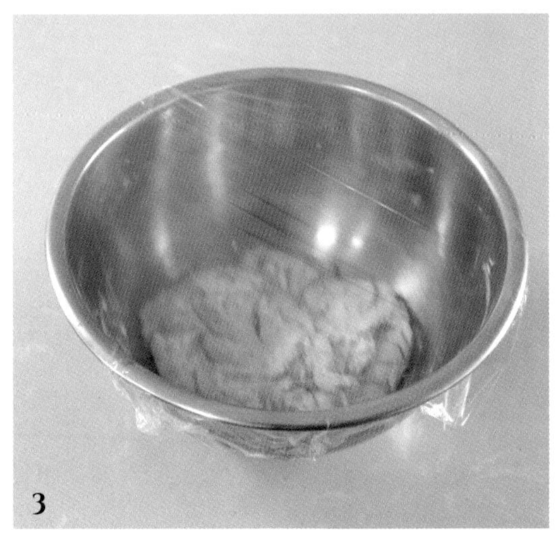

3

## RECIPE

### STEP 1 반죽하기

① 물에 계량한 이스트를 넣고 섞은 뒤 우유와 달걀, 설탕, 물엿, 소금을 추가하여 잘 젓는다.

② ①에 강력분을 넣고 날가루가 없어질 때까지 가볍게 섞는다.

③ ②를 랩으로 꼼꼼하게 감싼 후 실온에 15분간 그대로 둔다. 숙성된 반죽을 꺼내 마미오븐의 손반죽 법에 따라 열심히 반죽한다. (27p 참고)

## STEP 2 1차 발효하기

④ 볼에 반죽을 넣고 랩이나 젖은 면포를 덮어 반죽이 마르지 않도록 한다.

⑤ ④를 실온에 두고 반죽의 부피가 약 2~3배가 되도록 약 1시간 정도 1차 발효한다.

## STEP 3 분할 & 중간 발효

⑥ 1차 발효를 마친 반죽을 8등분으로 분할 후 동글리기를 한다.

⑦ ⑥에 랩이나 젖은 면포를 덮은 뒤 실온에서 약 15분간 중간 발효한다.

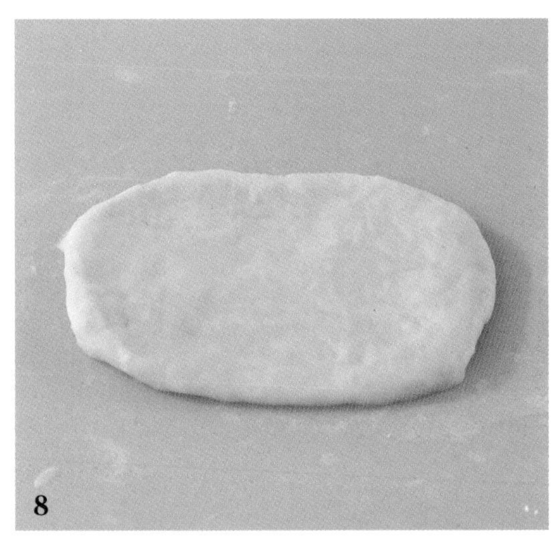
8

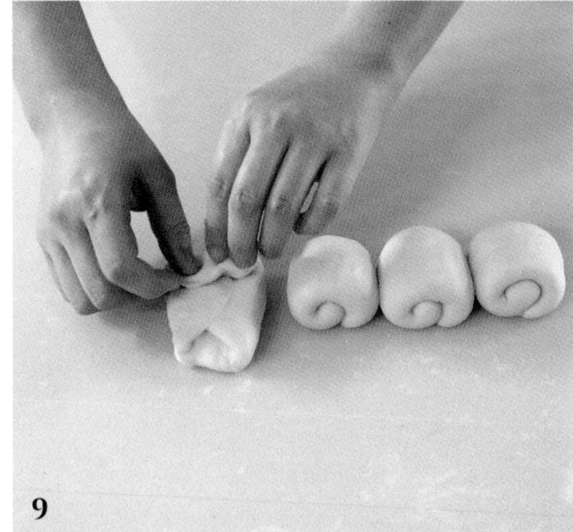
9

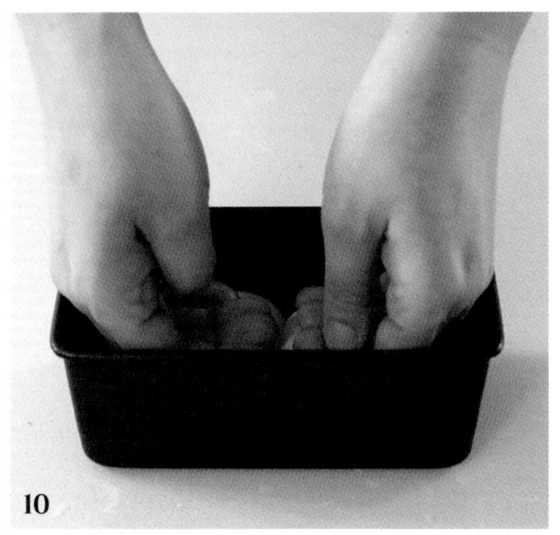
10

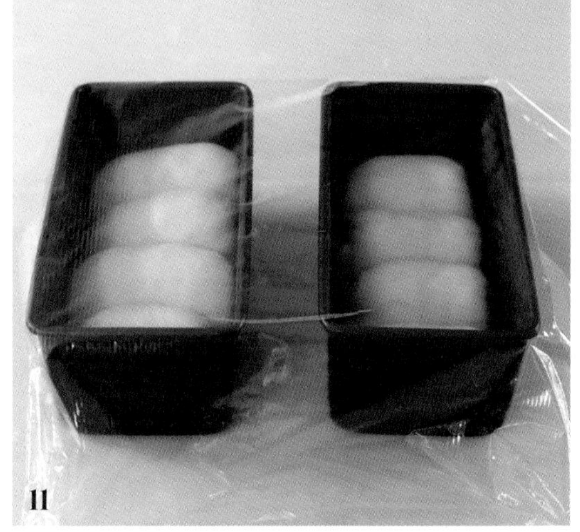
11

## STEP 4 성형

⑧ 반죽의 매끈한 면을 바닥에 놓고 가볍게 눌러 가스를 뺀 후 가로 12㎝, 세로 15㎝가 되도록 밀대로 밀어준다.

⑨ 밀대로 밀어 편 반죽을 3겹으로 접고 돌돌 말아준 뒤 이음매 부분을 꼬집어 여며준다.

## STEP 5 팬닝 & 2차 발효

⑩ 팬에 반죽의 이음매가 아래로 가도록 놓은 후 손으로 반죽을 살짝 눌러준다.

⑪ 반죽의 표면이 마르지 않도록 랩으로 덮고 2차 발효를 시작한다. 죽이 팬 높이까지 부푸는 것을 기준으로 한다.

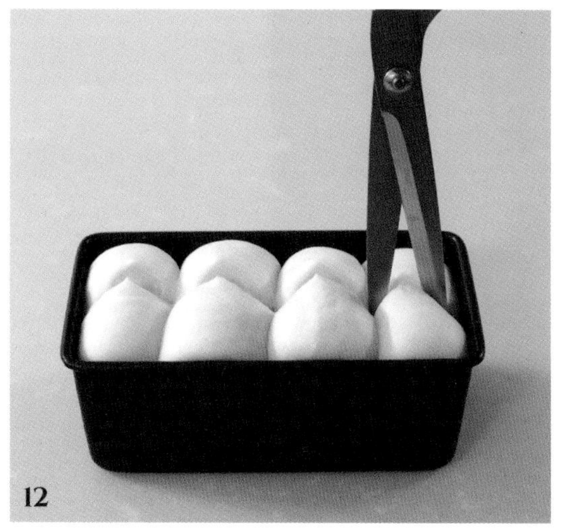
12

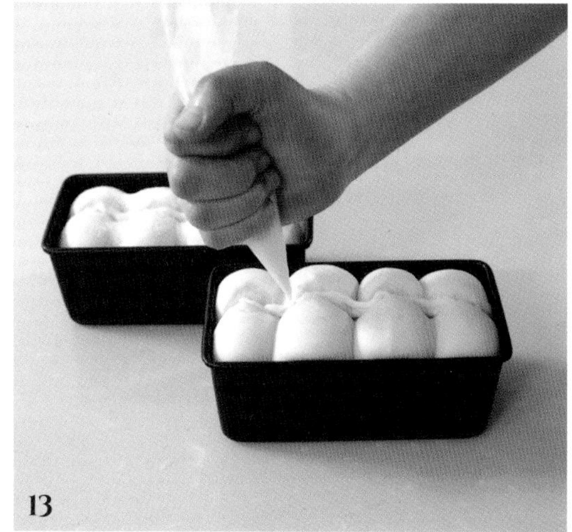
13

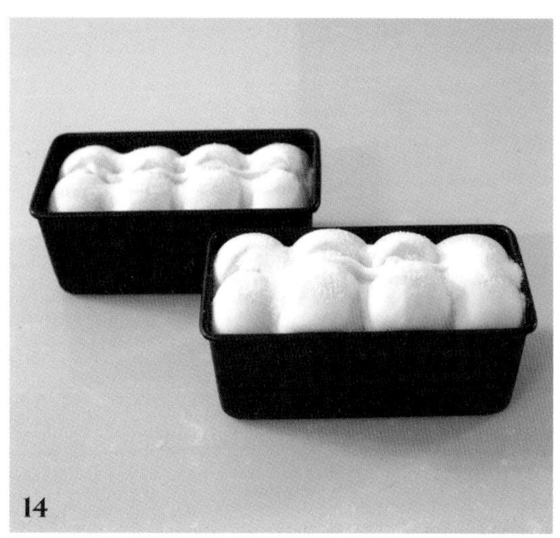
14

15

⑫ 가위를 사용해 4개의 반죽 중앙에 일자로 가위집을 낸다.

⑬ ⑫의 가위집 사이에 버터를 짜 넣고 설탕을 듬뿍 올린다.

### 마미오븐 TIP

반죽 틈 사이에 너무 많은 버터를 넣으면 빵이 질퍽해질 수 있어요. 레시피에 나온 장식용 버터의 양을 확인하고 넣어주세요.

## STEP 6 굽기

⑭ 170~180℃로 예열된 오븐에 반죽을 넣고 15~20분 정도 굽는다.

⑮ 잘 익은 반죽을 오븐에서 꺼내자마자 팬을 20~30㎝ 높이로 들고 큰 소리가 날 정도로 내리쳐 쇼크를 준다. 그렇게 분리된 빵을 식힘망에서 식힌다.

# 풀먼 식빵

사각형으로 되어 있어 활용도가 매우 높은 풀먼 식빵. 19세기 미국의 조지 풀먼이 고안한 네모난 기차의 모양과 흡사하여 붙여진 이름이라고 하죠? 샌드위치를 만들 때 사용하기 딱 좋은 풀먼 식빵을 함께 만들어볼까요?

**난이도** ★★☆☆☆

**분량** 풀먼식빵팬(18cm X 13.5cm X 12.5cm) 1개 분량

**적정 반죽 온도** 27~28℃

**오븐 온도** 170~180℃로 28~32분(컨벡션 오븐 기준)

**재료**
강력분 290g
물 85g
인스턴트 드라이 이스트(고당용) 5g
우유 90g
설탕 30g
소금 5g
무염 버터 45g

**계절별 우유 사용 온도**

| 봄, 가을 | 여름 | 겨울 |
|---|---|---|
| 실온에 30분 정도 둔 것<br>(냉기가 빠진 정도) | 냉장 보관한 것 | 전자레인지에 20초간 돌린 것 |

**계절별 물 사용 온도**

| 봄, 가을 | 여름 | 겨울 |
|---|---|---|
| 차가운 수돗물 온도인 것 | 냉장 보관한 것 | 전자레인지에 15초간 돌린 것 |

**사전 준비**
① 재료 계량하기
② 도구 준비하기
③ 버터는 실온에 미리 꺼내두기
④ 반죽의 2차 발효가 50% 정도 진행된 후 190~195℃로 오븐 예열하기

1

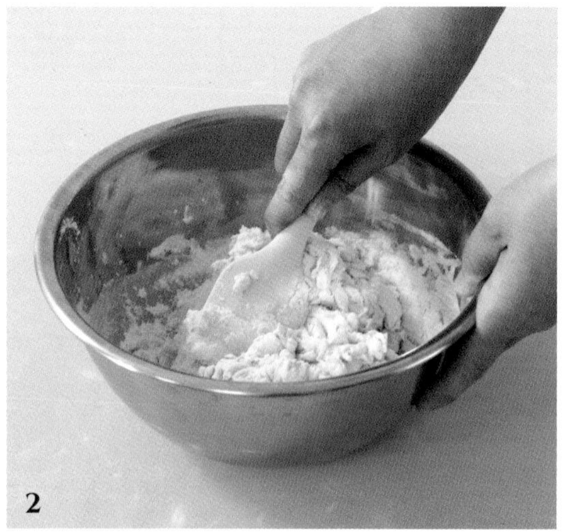

2

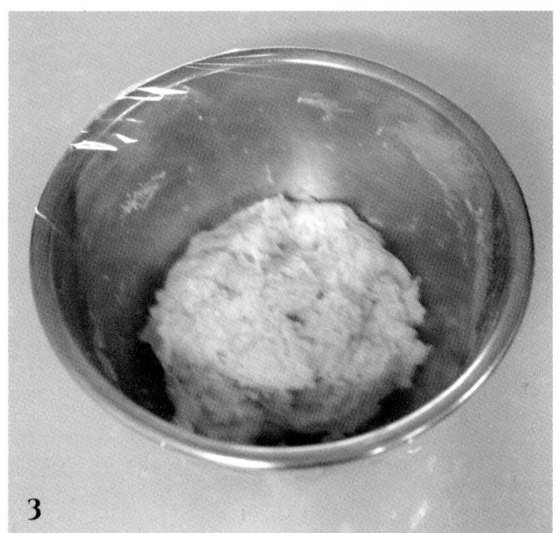

3

# RECIPE

## STEP 1 반죽하기

① 물에 계량한 이스트를 넣고 섞은 뒤 우유와 설탕, 소금을 추가하고 잘 젓는다.

② ①에 강력분을 넣고 날가루가 없어질 때까지 가볍게 섞는다.

③ ②를 랩으로 꼼꼼하게 감싼 후 실온에 15분간 그대로 둔다. 숙성된 반죽을 꺼내 마미오븐의 손반죽 법에 따라 열심히 반죽한다. (27p 참고)

## STEP 2 1차 발효하기

④ 볼에 반죽을 넣고 랩이나 젖은 면포를 덮어 반죽이 마르지 않도록 한다.

⑤ ④를 실온에 두고 반죽의 부피가 약 2~3배가 되도록 약 1시간 정도 1차 발효한다.

## STEP 3 분할 & 중간 발효

⑥ 1차 발효를 마친 반죽을 2등분으로 분할 후 동글리기를 한다.

⑦ ⑥에 랩이나 젖은 면포를 덮은 뒤 실온에서 약 15분간 중간 발효한다.

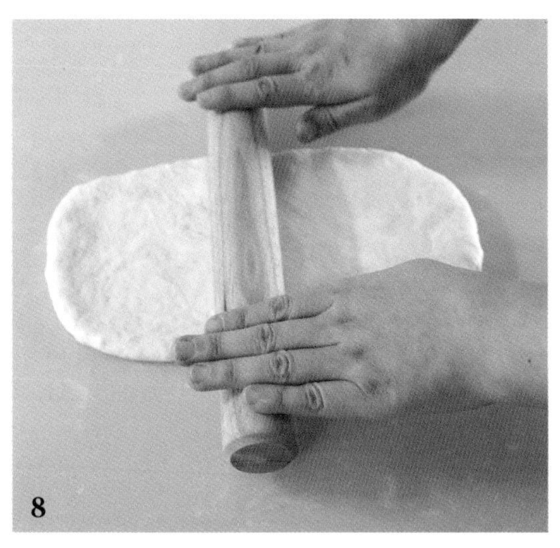
8

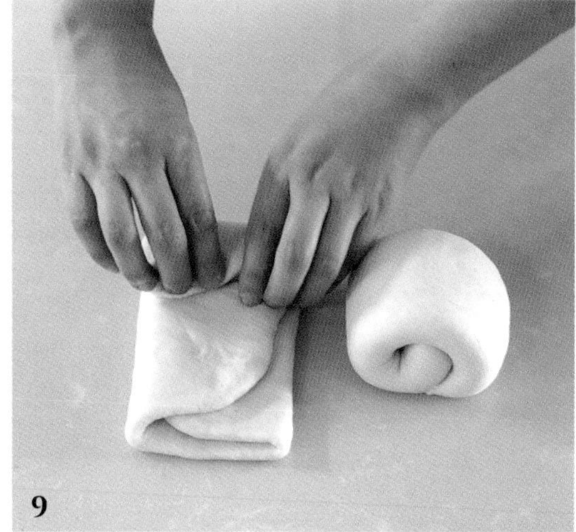
9

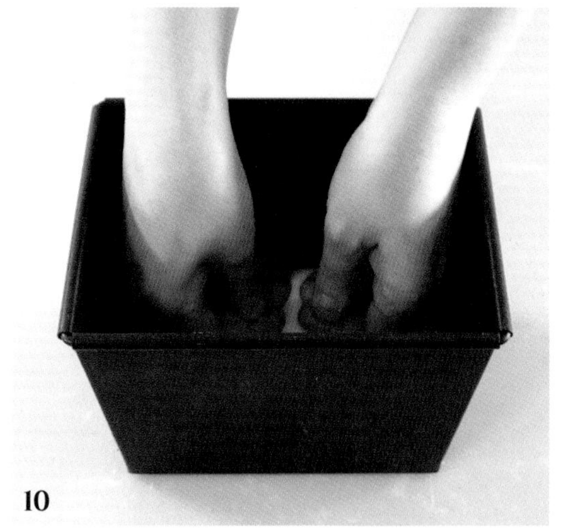
10

11

## STEP 4 성형

⑧ 반죽의 매끈한 면을 바닥에 놓고 가볍게 눌러 가스를 뺀 후 가로 15㎝, 세로 18㎝가 되도록 밀대로 밀어준다.

⑨ 밀대로 밀어 편 반죽을 3겹으로 접고 돌돌 말아준 뒤 이음매 부분을 꼬집어 여며준다.

## STEP 5 팬닝 & 2차 발효

⑩ 팬에 반죽의 이음매가 아래로 가도록 놓는다. 손으로 반죽을 살짝 눌러준다.

⑪ 반죽의 표면이 마르지 않도록 랩으로 덮고 2차 발효를 시작한다. 팬 아래 1㎝ 높이까지 발효 후 뚜껑을 덮는다.

12

## STEP 6 굽기

⑫ 풀먼식빵팬의 뚜껑을 덮고 170~180℃로 예열된 오븐에 반죽을 넣어 28~32분 정도 굽는다.

⑬ 잘 익은 반죽을 오븐에서 꺼내자마자 팬을 20~30㎝ 높이로 들고 큰 소리가 날 정도로 내리쳐 쇼크를 준다. 그렇게 분리된 빵을 식힘망에 올려 식힌다.

### 마미오븐 TIP

오븐에서 갓 꺼낸 식빵을 바로 자르면 단면이 깔끔하게 떨어지지 않아요. 완성된 식빵을 한 김 식힌 후 눕히면 깔끔하게 자를 수 있답니다. 풀먼식빵팬은 뚜껑과 세트로 구매해 다양하게 활용하는 것이 좋아요. 반죽을 오븐에 넣을 때 뚜껑을 덮어야 하는데, 예상했던 것보다 발효가 많이 된 상태라면 무리하게 뚜껑을 덮지 말고 덧가루를 살짝 뿌려보세요. 반죽이 뚜껑에 붙지 않아 뚜껑 덮기가 훨씬 수월해진답니다.

# 버터 식빵

버터의 풍미를 누구보다 사랑하는 분들이라면 여기를 주목하세요! 기존의 식빵보다 버터의 비율을 높여 부드러움과 맛을 극대화한 버터 식빵 레시피가 여기 있습니다. 아이들 간식은 물론 한 끼 식사로도 든든한 버터 식빵, 지금 만들어봅시다!

**난이도** ★★★☆☆

**분량** 옥수수식빵팬(21.5㎝ X 9.5㎝ X 9.5㎝) 1개 분량

**적정 반죽 온도** 27~28℃

**오븐 온도** 170~180℃로 25~30분(컨벡션 오븐 기준)

**재료**
강력분 250g
우유 130g
인스턴트 드라이 이스트(저당용) 5g
달걀 1개
설탕 40g
소금 5g
무염 버터 50g

**계절별 우유 사용 온도**

| 봄, 가을 | 여름 | 겨울 |
| --- | --- | --- |
| 실온에 30분 정도 둔 것 (냉기가 빠진 정도) | 냉장 보관한 것 | 전자레인지에 20초간 돌린 것 |

**사전 준비**
① 재료 계량하기
② 도구 준비하기
③ 버터는 실온에 미리 꺼내두기
④ 달걀은 봄, 가을, 겨울에는 실온에 둔 것을, 여름에는 냉장 보관한 것을 사용하기
⑤ 반죽의 2차 발효가 50% 정도 진행된 후 190~195℃로 오븐 예열하기

1

2

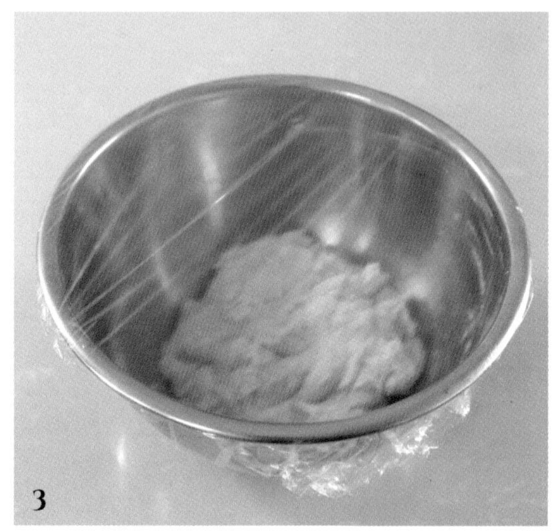

3

# RECIPE

## STEP 1 반죽하기

① 우유에 계량한 이스트를 넣고 섞은 뒤 달걀과 설탕, 소금을 추가하고 잘 젓는다.

② ①에 강력분을 넣고 날가루가 없어질 때까지 가볍게 섞는다.

③ ②를 랩으로 꼼꼼하게 감싼 후 실온에 15분간 그대로 둔다. 숙성된 반죽을 꺼내 마미오븐의 손반죽 법에 따라 열심히 반죽한다. (27p 참고)

## STEP 2 1차 발효하기

④ 볼에 반죽을 넣고 랩이나 젖은 면포를 넓어 반죽이 마르지 않도록 한다.

⑤ ④를 실온에 두고 반죽의 부피가 약 2~3배가 되도록 약 1시간 정도 1차 발효한다.

## STEP 3 분할 & 중간 발효

⑥ 1차 발효를 마친 반죽을 3등분으로 분할 후 동글리기를 해준다.

⑦ ⑥에 랩이나 젖은 면포를 덮은 뒤 실온에서 약 15분간 중간 발효한다.

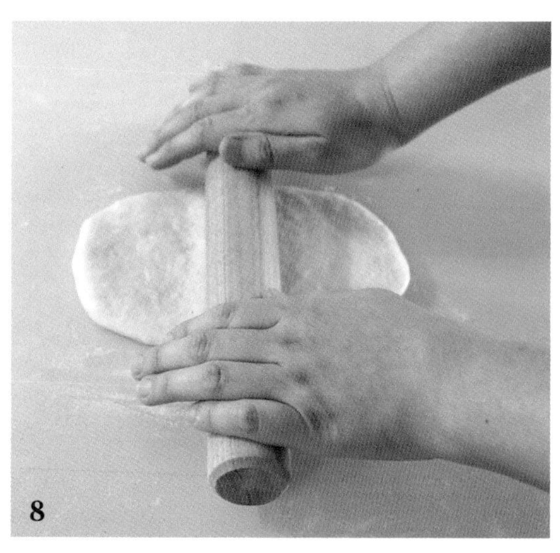
8

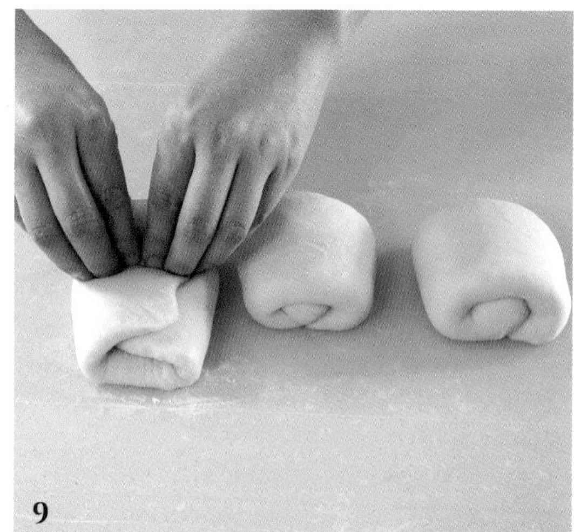
9

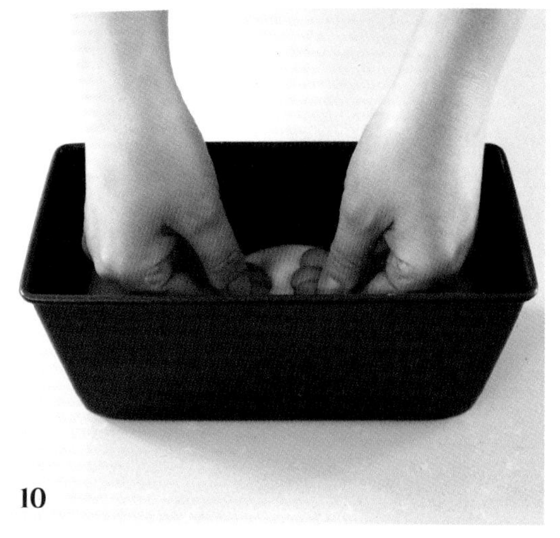
10

11

## STEP 4 성형

⑧ 반죽의 매끈한 면을 바닥에 놓고 가볍게 눌러 가스를 뺀 후 가로 15㎝, 세로 20㎝가 되도록 밀대로 밀어준다.

⑨ 밀대로 밀어 편 반죽을 3겹으로 접고 돌돌 말아준 뒤 이음매 부분을 꼬집어 여며준다.

## STEP 5 팬닝 & 2차 발효

⑩ 팬에 반죽의 이음매가 아래로 가도록 놓은 후 손으로 반죽을 살짝 눌러준다.

⑪ 반죽의 표면이 마르지 않도록 랩으로 덮고 2차 발효를 시작한다. 반죽이 팬의 약 1㎝ 높이까지 부푸는 것을 기준으로 한다.

12

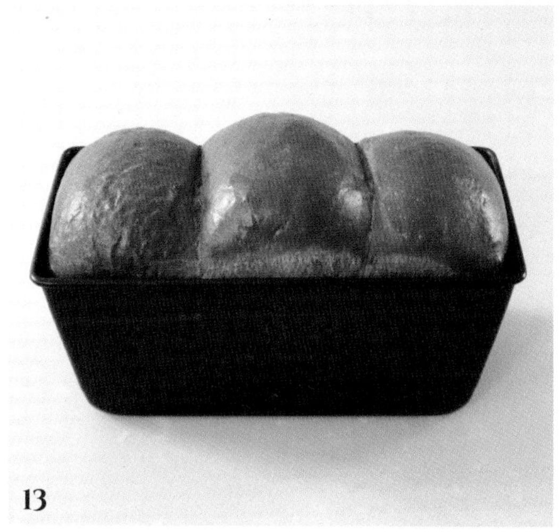
13

14

## STEP 6 굽기

⑫ 170~180℃로 예열된 오븐에 반숙을 넣고 25~30분 정도 굽는다.

⑬ 잘 익은 반죽을 오븐에서 꺼내자마자 팬을 20~30㎝ 높이로 들고 큰 소리가 날 정도로 내리쳐 쇼크를 준다.

⑭ 분리된 빵을 식힘망에 올린 뒤 붓을 활용해 녹인 버터를 윗면에 골고루 바른다.

### 마미오븐 TIP

구운 빵에 녹인 버터를 바르면 빵에 윤기가 돌아 더욱더 먹음직스럽게 보여요. 빵의 수분이 날아가는 것도 막아주죠. 붓은 베이킹 전용을 기본으로 사용하되, 구하기 어렵다면 화장품용 붓으로 대체해도 좋아요.

## BONUS PART 2

# 마미오븐 Q&A I 홈베이킹, 마미오븐에게 물어봐!

**Q. 마미오븐 님 영상을 보고 손반죽을 따라 해봤는데 실패했어요. 반죽이 말랑하지 않고 수분이 많이 날아간 거 같은데 이유가 무엇일까요?**

A. 혹시 덧가루를 너무 많이 뿌리진 않으셨나요? 제 영상을 보면 덧가루를 뿌릴 때 정말 조금 뿌리는 것을 확인하실 수 있을 거예요. 덧가루는 반죽이 딱 코팅되게끔 소량 뿌리는 것이 중요합니다. 간혹 밀가루를 한 움큼 잡아서 뿌리는 분들이 계시는데, 그렇게 하면 반죽에 밀가루가 20~30g 추가된다고 보시면 돼요. 그로 인해 반죽의 중량이 달라지고 수분감도 사라지는 것이죠. 그러니 덧가루는 최소한으로 뿌려주세요.

**Q. 저는 덧가루를 조금 뿌렸는데도 반죽이 말랑하지 않아요. 왜 그럴까요?**

A. 반죽에 글루텐이 덜 잡혔을 확률도 높아요. 글루텐이 제대로 잡혀야 반죽이 말랑하고 부드러워지거든요. 힘들어서 손반죽 과정을 마음대로 생략해버리면 글루텐 형성이 잘 되지 않아서 반죽에 수분감이 없을 수 있어요. 마미오븐의 손반죽 법만 정확히 따라 하면 문제 해결입니다.

**Q. 도대체 뭘 잘못한 건지 반죽이 너무 질게 됐어요. 덧가루를 뿌려도 소용이 없는데, 뭐가 문제일까요?**

A. 이런 경우는 어쩌면 반죽 온도가 높아서 그럴 수도 있어요. 반죽의 적정 온도는 27~28℃인데, 이것보다 온도가 높아지게 되면 반죽이 늘어나게 된답니다. 반죽 재료를 섞을 때 따뜻한 물이나 우유를 사용하지 않았나 생각해보세요. 따뜻한 수분 재료는 반죽의 온도를 높일 수 있으니 반드시 계절별 사용 온도를 지켜주세요.

또는 과정상의 문제일 수도 있어요. 수분 재료와 버터까지 합쳐지면 자연스럽게 반죽이 질척거리고 미끌미끌해질 수밖에 없어요. 그런 반죽을 계속해서 내리치고 접는 과정을 반복하고, 작업대에 붙은 반죽을 스크래퍼로 긁어서 모아주다 보면 어느새 수분이 살짝 날아가면서 반죽이 매끄럽게 변한답니다. 이 과정을 대충하거나 뛰어넘기면 여전히 질퍽한 상태의 반죽으로 남을 수밖에 없죠. 마미오븐 손반죽 과정을 보시면 반죽 치대기를 5~7분, 반죽 내리치고 접기를 5~7분간 하라고 나와 있어요. 이를 반드시 지켜주세요.

**Q. 오븐 온도를 180℃로 맞추고 20분간 구웠는데 덜 익은 수제비가 탄생했어요. 왜 이럴까요?**

A. 레시피에 180℃로 20분간 구우라는 말이 있다면 이는 오븐의 내부 온도가 180℃인 상태에서 20분간 구우라는 뜻이에요. 그래서 빵을 굽기 약 20분 전 오븐을 꼭 예열해야 한답니다. 만약 예열하지 않고 반죽을 넣어 180℃로 세팅한 뒤 굽기 시작하면 0℃에서 시작하기 때문에 180℃의 온도가 되기까지의 시간을 모조리 날려버리게 되는 거예요.

예열할 때 오븐 설정 온도는 레시피의 굽는 온도보다 높아야 해요. 예를 들어 굽는 온도가 180℃라면 그것보다 20℃가 높은 200℃로 예열해주세요. 그런 뒤 반죽을 오븐에 넣기 위해 문을 열면 뜨거운 공기가 밖으로 나오고 차가운 공기가 안으로 들어가 오븐 내부 온도가 180℃로 유지되고 빵이 잘 구워지는 것이죠. 오븐을 사용하기 20분 전 예열하기, 잊지 마세요!

**Q. 우유 또는 물에 설탕과 이스트를 넣을 때 소금도 같이 넣어서 녹이면 되는 건가요?**

A. 네. 굳이 따로따로 넣을 필요 없이 함께 넣어주면 됩니다. 일반적인 반죽 레시피에서는 이스트와 설탕, 소금을 분리하라고 하지만 집에서 만들 때는 굳이 그렇게 할 필요가 없어요. 단시간에 바로 투입해서 빠르게 섞어 이스트가 파멸될 틈이 없기 때문이죠. 저는 유튜브 영상을 찍기 위해 물을 붓고 이스트를 섞은 후 밀가루, 설탕 등을 순차적으로 넣지만, 아이들에게 해줄 때는 물에 재료들을 한 번에 다 넣어서 휘휘 젓는 편이에요. 여러분도 그렇게 하셔도 됩니다.

**Q. 손반죽을 하지 않고 가정용 제빵기나 반죽기를 사용할 때도 반죽 전 15분간 휴지 과정을 거쳐야 하나요?**

A. 아니요. 그렇지 않습니다. 손반죽을 하기 전 15분간 휴지가 필요한 이유는 반죽을 조금 더 쉽게 할 수 있도록 글루텐을 미리 생성하기 위함입니다. 하지만 반죽기는 미리 글루텐을 생성하지 않아도 계속되는 움직임으로 수월하게 글루텐이 만들어지므로 미리 15분간 휴지를 할 필요가 없어요.

**Q. 집에 있는 스탠드 믹서로 반죽하려고 하는데, 어떻게 해야 할까요?**

A. 앞서 말했듯이 손반죽을 할 때처럼 15분간 휴지를 할 필요는 없어요. 버터를 제외한 모든 재료를 넣어준 뒤 스탠드 믹서를 저속으로 설정해 2~3분 정도 믹싱합니다. 그리고 스탠드 믹서를 잠시 멈추고 중간 속도로 재설정한 후 5~6분간 마저 섞어주세요. 마지막으로 잘 섞인 반죽에 버터를 첨가해 다시 중간 속도로 5~6분 정도 믹싱하면 반죽이 완성됩니다.

**Q. 저는 집에 가정용 제빵기가 있는데요, 반죽법이 궁금해요!**

A. 스탠드 믹서와 마찬가지로 15분간 휴지 단계는 생략합니다. 버터를 제외한 모든 재료를 넣은 후 반죽 코스로 설정해 5~6분 정도 믹싱하세요. 잘 섞인 반죽에 버터를 첨가한 후 반죽 코스가 끝날 때까지 믹싱하면 끝! 기계에 따라 다르지만 보통 약 15분 정도 소요되니 참고하세요.

**Q. 손으로 반죽한 것과 반죽기로 반죽한 것의 맛이나 질감 차이는 어느 정도인가요?**

A. 반죽기로 하면 더욱더 쉽고 간편하게 반죽을 할 수 있어 좋죠. 물론, 맛도 있고요. 하지만 가격이 조금 비싼 편이고, 부피가 크다 보니 반죽기를 구매하는 게 쉬운 일은 아니에요. 그래서 손반죽이 좋은 거죠. 손으로 만들어도 반죽기 못지않은 빵을 만들 수 있거든요. 반죽기를 뛰어넘는 수준의 빵은 아니지만, 우리가 충분히 맛있게 먹을 수 있는 빵을 손반죽으로 완성할 수 있어요.

## 마미오븐 Q&A 1 홈베이킹, 마미오븐에게 물어봐!

**Q. 마미오븐 님은 반죽 재료들을 살짝 섞고 15분 정도 휴지를 하는데, 그 이유가 무엇인가요?**

A. 글루텐을 생성하기 위해서예요. 기본적으로 글루텐 형성이 반죽의 주된 목적인데, 이는 마찰을 통해 이루어집니다. 반죽기는 자동으로 마찰을 해주니 손쉽게 글루텐이 형성되지만, 손반죽을 할 때는 글루텐 형성하기가 매우 어렵거든요. 이때, 물과 밀가루를 미리 섞어 반죽하기 전 15분간 휴지시켜주면 자연적으로 글루텐이 어느 정도 생성되어 반죽 과정이 매우 단축됩니다. 이는 '오트리즈법'이라는 제법을 적용한 것이에요.

**Q. 15분의 휴지 단계가 끝나면 몇 번 치대지 않고 바로 버터를 넣나요?**

A. 네. 바로 버터를 넣습니다. 저도 처음에는 15분간 휴지가 끝나면 약간 치댄 후 버터를 넣었어요. 그런데 이것마저도 조금 번거롭게 느껴지더라고요. 그래서 어느 날 휴지가 끝나자마자 바로 버터를 넣고 반죽을 시작했더니 결과물이 기존 것과 크게 다르지 않게 나오더라고요. 과정과 시간은 단축했는데, 맛은 똑같다면 당연히 방법을 바꿔야죠! 제 레시피는 최대한 간편하고 빠르게 빵을 만들 수 있도록 끊임없이 업그레이드 한답니다.

**Q. 반죽할 때 처음부터 버터를 넣지 않는 이유를 알고 싶어요!**

A. 글루텐 형성에 방해가 되기 때문이에요. 앞서 설명했듯이 저의 반죽법은 '오트리즈법'이라는 제법을 차용한 것으로 물과 밀가루의 만남만으로 시간이 흐르면 자연스럽게 글루텐을 형성하는 것이 가장 큰 특징이에요. 이때, 버터를 넣으면 특유의 미끈미끈한 성질로 인해 밀가루가 글루텐을 생성하는 것을 방해해요. 그렇게 되면 글루텐을 더 생성하기 위해 나중에 치대고 접는 과정을 기존보다 길게, 많이 해야 하니 반죽이 힘들어질 수 있어요. 그래서 전 버터를 미리 넣지 않고 자연스럽게 글루텐을 형성한 뒤에 넣어 반죽을 더욱더 쉽게 할 수 있도록 했답니다.

**Q. 마미오븐 님은 발효를 어디서 하시나요? 우리 집은 실내온도가 20~21℃ 정도인데, 그냥 실내에서 발효해도 될까요? 몇 시간 정도 발효를 해야 좋을까요?**

A. 그럼요. 저도 실내에서 발효하는걸요? 보통 저희 집은 실내 온도를 22~23℃로 유지하고 있어요. 이 상태에서 그냥 반죽을 두어 발효합니다. 그리고 시간에 너무 연연하지 말라는 말씀을 드리고 싶어요. 집집마다 온도와 습도가 달라 발효에 걸리는 시간에 차이가 나기 마련이거든요. 레시피에서 발효 시간이 1시간이라고 나와 있어도 어느 집에서는 40분 만에 발효가 될 수도 있고, 또 어느 집에서는 1시간 30분이 걸릴 수가 있어요. 그러니 시간보다 반죽 상태에 집중하고 발효를 더 해야 할지, 아니면 그만해도 될지 판단하세요. 반죽이 원래보다 2~3배 정도 부풀어 오르면 발효를 그만해도 됩니다.

**Q. 반죽을 미리 다 해놓고 다음 날 빵을 구워도 상관없나요? 사용하고 남은 반죽을 냉장 보관했다가 다음날 사용할 수 있는지도 궁금합니다!**

A. 이 책에서 소개하는 반죽은 발효 후 바로 사용하는 것이 특징이에요. 만약 다음 날 사용하기 위해 냉장 보관을 하게 되면 발효가 너무 많이 되어서 빵을 만들 수 없을 거예요. 다음 날 반죽을 사용하고 싶다면 저온 냉장 발효법을 적용한 또 다른 반죽법을 찾아 재료의 배합비에 변화를 주면 됩니다.

**Q. 발효를 빨리하고 싶어서 오븐에 따뜻한 물을 넣고 반죽을 넣었는데요, 1차 발효한 지 10분밖에 지나지 않았는데 반죽 표면에 기포가 엄청 생기더라고요. 이유가 무엇일까요?**

A. 발효 조건을 너무 과하게 맞춘 것이 문제예요. 온도가 너무 높고 습해서 반죽이 늘어진 것이죠. 사람이랑 똑같다고 보시면 돼요. 사람도 무더운 여름에는 축 처지잖아요? 반죽도 너무 덥고 습한 곳에 두면 늘어진답니다. 굳이 오븐에 넣지 말고 되도록 실내에서 발효하는 것을 추천합니다.

**Q. 우리 집은 춥고 건조한 편이라서 발효가 무척 더디게 진행돼요. 조금 더 빨리할 방법은 없을까요?**

A. 기본적으로 실내 발효를 권하고 있지만, 조금 더 발효 속도를 내고 싶다면 전자레인지를 활용해보세요. 전자레인지 안에 따뜻한 물 한 컵을 넣고 5~6분 정도 돌리세요. 그러면 전자레인지 안에 습기가 차고 따뜻해지겠죠? 그 상태에서 반죽을 넣어 발효하는 거예요. 그럼 조금 더 빨리 발효가 됩니다. 하지만 이 방법은 겨울에만 사용하셔야 하고 여름에는 절대 금물이에요. 자칫 과발효되어서 반죽이 너무 처질 수 있거든요. 지금 제가 말씀드린 것은 정말 급할 때 쓰는 방법이라는 걸 잊지 마세요!

**Q. 전문가들은 발효기를 사용하더라고요. 저는 집에 발효기가 없는데 괜찮을까요?**

A. 말씀하셨듯이 발효기는 전문가들이 사용하는 것이에요. 보통 빵집에서 발효기를 많이 쓰죠. 장사를 하기 위해서는 적정 온도에서 반죽을 빨리 발효해 많이 만들어야 하기 때문이에요. 하지만 일반 가정에서는 소량의 빵만 만들기 때문에 굳이 발효기를 구비할 필요가 없답니다.

**Q. 요즘 빵 반죽이 제대로 부풀지 않아 고민이에요. 인스턴트 드라이 이스트를 그냥 드라이 이스트로 바꾼 뒤 반죽했는데, 이것 때문일까요?**

A. 이스트의 문제가 아니라 이스트 보관의 문제일 가능성이 더 커요. 이스트는 생물이기 때문에 개봉 후에 효력이 많이 상실돼요. 이를 막기 위해 이스트를 사용한 후 밀봉하여 냉동 보관해야 합니다. 그런데 보관을 제대로 하지 않으면 이스트의 효력이 사라져 반죽에 넣어도 발효가 제대로 되지 않는 것이죠. 이스트를 잘 보관했는지부터 먼저 체크해보세요!

# PLAIN BREAD

풍미 가득 부드러운 빵

# 플레인 베이글

 NO EGG RECIPE

담백하고 맛있는 베이글은 든든한 한 끼 식사로도 딱이죠. 하지만 기존의 정통적인 방식으로 만든 베이글은 쫄깃하다 못해 조금 질긴 듯한 느낌이 있어 호불호가 갈리곤 해요. 마미오븐과 함께 누구나 즐길 수 있는 소프트 베이글을 만들어볼까요?

**난이도** ★★★★☆

**분량** 플레인 베이글 6개 분량

**적정 반죽 온도** 27~28℃

**오븐 온도** 170~180℃로 13~15분(컨벡션 오븐 기준)

**재료**
강력분 350g
물 120g
인스턴트 드라이 이스트(저당용) 5g
플레인 요거트 70g
설탕 15g
소금 7g
무염 버터 20g

**그 외 재료**
물 1.5ℓ
설탕 50g

**계절별 물 사용 온도**

| 봄, 가을 | 여름 | 겨울 |
|---|---|---|
| 차가운 수돗물 온도인 것 | 냉장 보관한 것 | 전자레인지에 15초간 돌린 것 |

**사전 준비**
① 재료 계량하기
② 도구 준비하기
③ 버터는 실온에 미리 꺼내두기
④ 종이 포일은 가로 10㎝, 세로 10㎝로 잘라 6장 준비해두기
⑤ 반죽의 2차 발효가 50% 정도 진행된 후 190~195℃로 오븐 예열하기

1

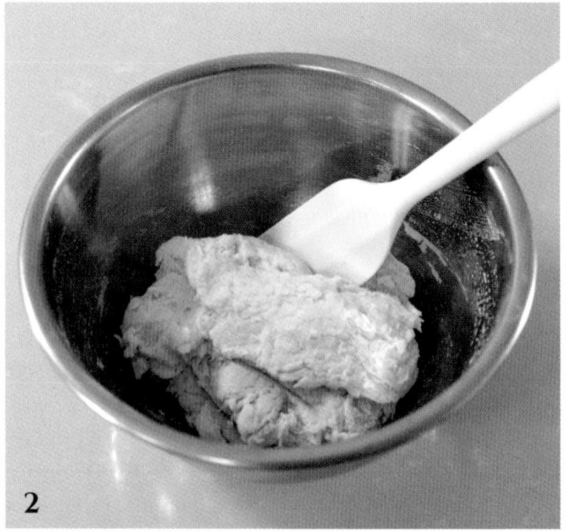
2

3

## RECIPE

### STEP 1 반죽하기

① 물에 계량한 이스트를 넣고 섞은 뒤 플레인 요거트와 설탕, 소금을 추가해 잘 젓는다.

② ①에 강력분을 넣고 날가루가 없어질 때까지 가볍게 섞는다.

③ ②를 랩으로 꼼꼼하게 감싼 후 실온에 15분간 그대로 둔다. 숙성된 반죽을 꺼내 마미오븐의 손반죽 법에 따라 열심히 반죽한다. (27p 참고) 단, 베이글은 일반 빵과 달리 반죽 시간을 조금 줄여야 하므로 치대는 과정을 3분, 내리치고 접는 과정을 3~4분으로 한다.

4
5
6
7

## STEP 2 1차 발효하기

④ 볼에 반죽을 넣고 랩이나 젖은 면포를 덮어 반죽이 마르지 않도록 한다.

⑤ ④를 실온에 두고 약 40분 정도 1차 발효한다.

## STEP 3 분할 & 중간 발효

⑥ 1차 발효를 마친 반죽을 6등분으로 분할 후 동글리기를 해준다.

⑦ ⑥에 랩이나 젖은 면포를 덮은 뒤 실온에서 약 15분간 중간 발효한다.

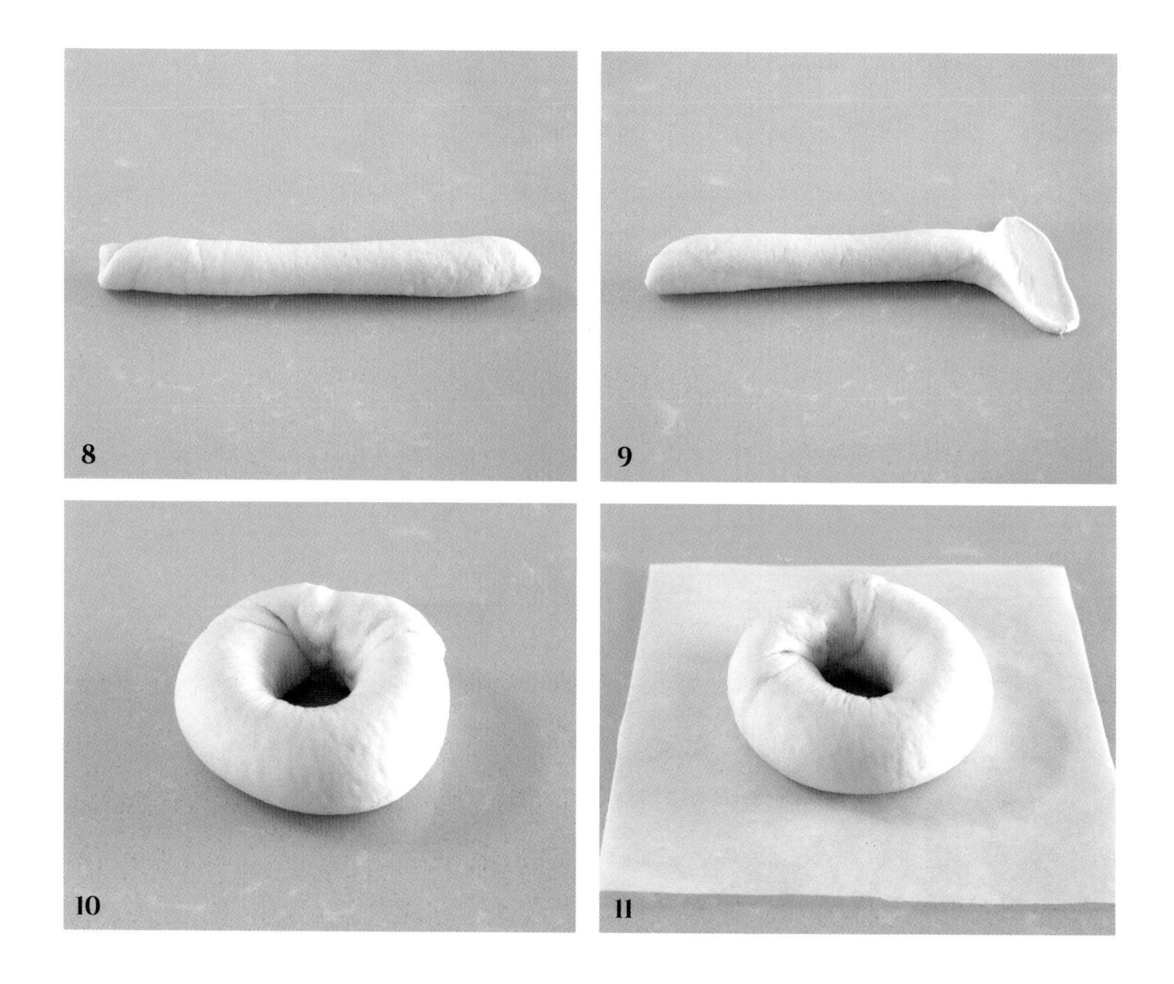

## STEP 4 성형

⑧ 반죽의 매끈한 면을 바닥에 놓고 가볍게 눌러 가스를 뺀 후 가로 28㎝, 세로 10㎝가 되도록 밀대로 밀어준다. 밀어 편 반죽을 돌돌 말아 이음매를 여며준다.

⑨ ⑧을 가볍게 굴려 전체적으로 굵기가 일정해지도록 하고 한쪽 끝 3㎝ 정도만 밀대로 납작하게 밀어 편다.

⑩ 납작하게 밀어 편 끝으로 나머지 반대쪽을 감싸 원 모양으로 만든다. 이음매는 꼼꼼히 여미도록 한다.

## STEP 5 팬닝 & 2차 발효

⑪ 종이 포일에 반죽의 이음매가 아래로 가도록 놓는다.

12

13

14

15

⑫ 반죽의 표면이 마르지 않도록 랩으로 덮고 30~40분 2차 발효를 시작한다.

## STEP 6 굽기

⑬ 물과 설탕을 넣어 90℃로 끓여둔 설탕물에 2차 발효가 끝난 베이글을 넣고 앞뒷면 각각 13~15초씩 데친다.

⑭ 170~180℃로 예열된 오븐에 반죽을 넣고 13~15분 정도 굽는다.

⑮ 잘 구워진 베이글은 식힘망에 올려 한 김 식힌다.

### 마미오븐 TIP

베이글은 1차와 2차 발효를 짧게 해야 합니다. 발효를 길게 하면 베이글의 쫀득함이 줄어들어요. 또한, 베이글 반죽을 너무 높은 온도로 장시간 데치면 표면이 쭈글쭈글하게 변하니 주의하세요. 만약 물의 온도를 확인할 온도계가 없다면 물이 끓으면서 기포가 살짝 생겼을 때를 기준으로 합니다.

# 호두 크랜베리 베이글

 NO EGG RECIPE

조금 더 색다른 베이글을 만들고 싶다면 호두 크랜베리 베이글에 도전해보세요. 고소한 호두와 새콤달콤한 크랜베리가 만나 훌륭한 풍미를 자아낸답니다.

**난이도** ★★★★☆

**분량** 호두 크랜베리 베이글 6개 분량

**적정 반죽 온도** 27~28℃

**오븐 온도** 170~180℃로 13~15분(컨벡션 오븐 기준)

**재료**
강력분 350g
물 210g
인스턴트 드라이 이스트(저당용) 5g
설탕 20g
소금 7g
무염 버터 20g
건크랜베리 35g
호두 35g

**그 외 재료**
물 1.5ℓ
설탕 50g

**계절별 물 사용 온도**

| 봄, 가을 | 여름 | 겨울 |
|---|---|---|
| 차가운 수돗물 온도인 것 | 냉장 보관한 것 | 전자레인지에 15초간 돌린 것 |

**사전 준비**
① 재료 계량하기
② 도구 준비하기
③ 버터와 건크랜베리는 실온에 미리 꺼내두기
④ 종이 포일은 가로 10㎝, 세로 10㎝로 잘라 6장 준비해두기
⑤ 예열된 오븐에 호두를 넣고 170℃에서 5~6분 구워주기
⑥ 반죽의 2차 발효가 50% 정도 진행된 후 190~195℃로 오븐 예열하기

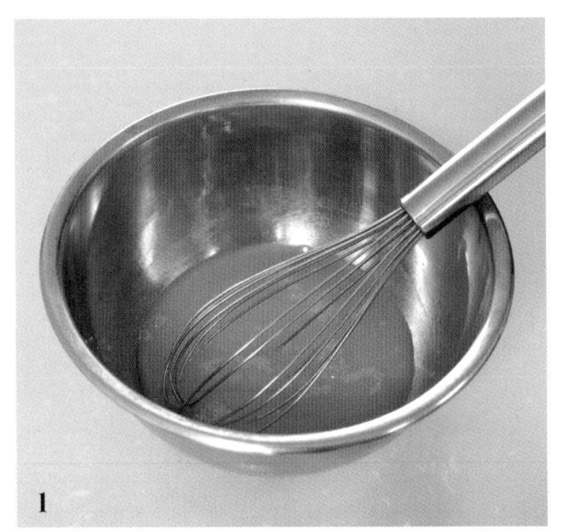

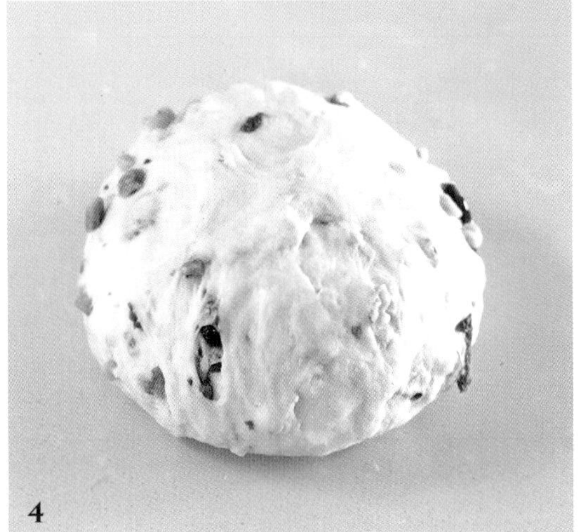


## RECIPE

### STEP 1 반죽하기

① 물에 계량한 이스트를 넣고 섞은 뒤 설탕과 소금을 추가해 잘 젓는다.

② ①에 강력분을 넣고 날가루가 없어질 때까지 가볍게 섞는다.

③ ②를 랩으로 꼼꼼하게 감싼 후 실온에 15분간 그대로 둔다. 숙성된 반죽을 꺼내 마미오븐의 손반죽 법에 따라 열심히 반죽한다. (27p 참고) 단, 베이글은 일반 빵과 달리 반죽 시간을 조금 줄여야 하므로 치대는 과정을 3분, 내리치고 접는 과정을 3~4분으로 한다.

④ 완성된 반죽에 호두와 건크랜베리를 넣고 잘 섞는다.

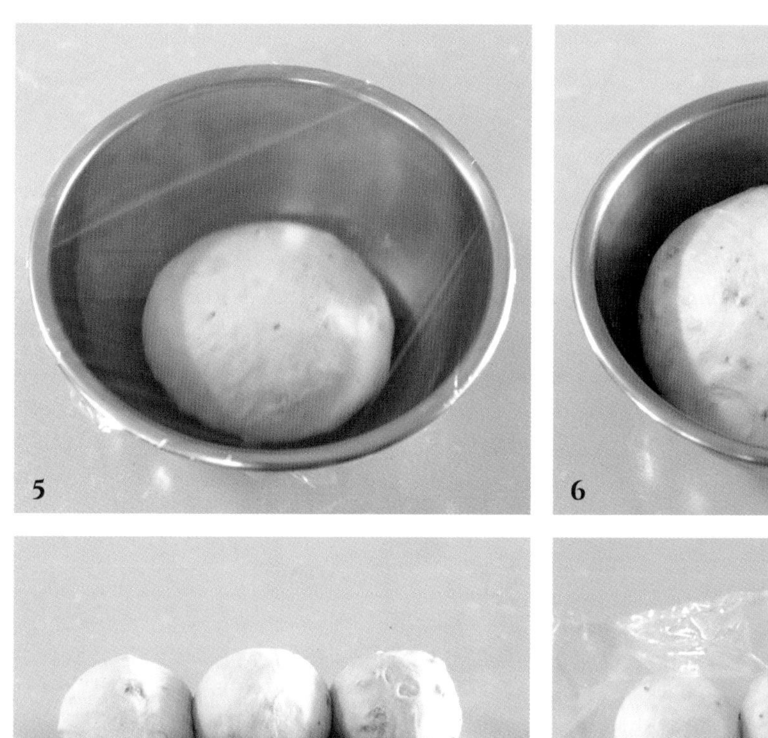
5

6

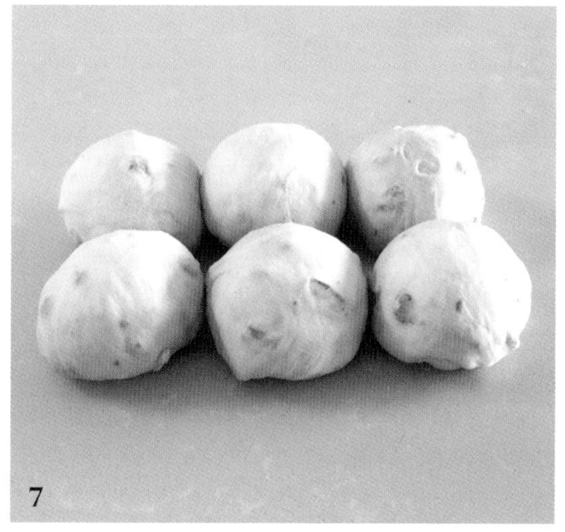
7

8

## STEP 2 1차 발효하기

⑤ 볼에 반죽을 넣고 랩이나 젖은 면포를 덮어 반죽이 마르지 않도록 한다.

⑥ ⑤를 실온에 두고 약 40분 정도 1차 발효한다.

## STEP 3 분할 & 중간 발효

⑦ 1차 발효를 마친 반죽을 6등분으로 분할 후 동글리기를 해준다.

⑧ ⑦에 랩이나 젖은 면포를 덮은 뒤 실온에서 약 15분간 중간 발효한다.

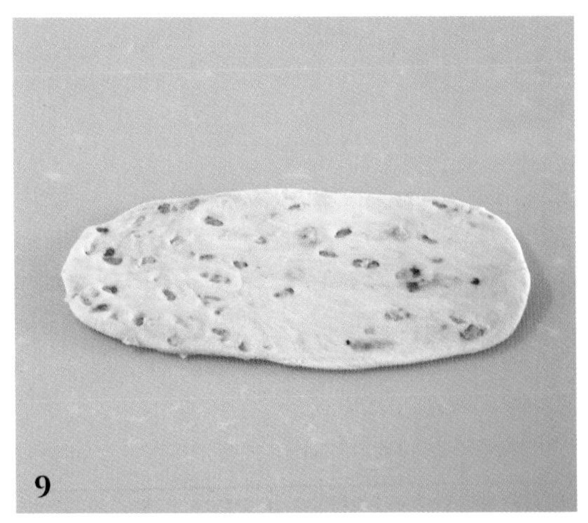


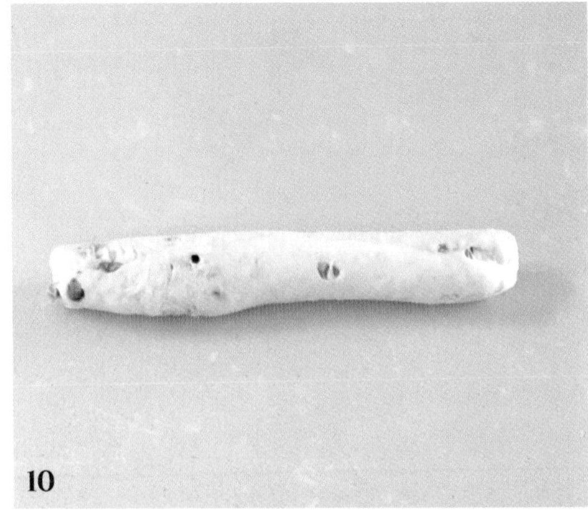


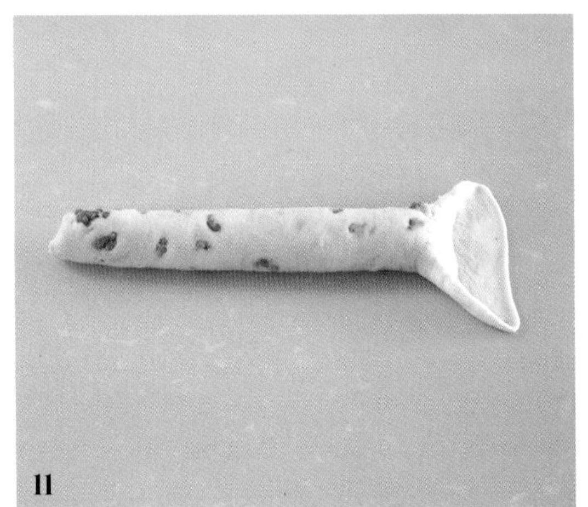

## STEP 4 성형

⑨ 반죽의 매끈한 면을 바닥에 놓고 가볍게 눌러 가스를 뺀 후 가로 28㎝, 세로 10㎝가 되도록 밀대로 밀어준다.

⑩ 밀대로 밀어 편 반죽을 돌돌 말아 이음매를 여며준다.

⑪ ⑩을 가볍게 굴려 전체적으로 굵기가 일정해지도록 하고 한쪽 끝 3㎝ 정도만 밀대로 납작하게 밀어 편다.

⑫ 납작하게 밀어 편 끝으로 나머지 반대쪽을 감싸 원 모양으로 만든다. 이음매는 꼼꼼히 여미도록 한다.

13

14

15

16

## STEP 5 팬닝 & 2차 발효

⑬ 종이 포일에 반죽의 이음매가 아래로 가도록 놓은 뒤 랩으로 덮고 30~40분 정도 2차 발효를 시작한다.

## STEP 6 굽기

⑭ 물과 설탕을 넣어 90℃로 끓여둔 설탕물에 2차 발효가 끝난 베이글을 넣고 앞뒷면 각각 13~15초씩 데친다.

⑮ 170~180℃로 예열된 오븐에 반죽을 넣고 13~15분 정도 굽는다.

⑯ 잘 구워진 베이글은 식힘망에 올려 한 김 식힌다.

### 마미오븐 TIP

건크랜베리를 반죽과 섞을 때 반드시 안쪽 깊은 곳에 넣어주세요. 건크랜베리가 빵 표면에 노출되면 오븐에 굽는 과정에서 타게 됩니다. 베이글을 데치는 물에 설탕을 넣으면 베이글 표면이 반짝반짝 윤이나 더 먹음직스럽게 변합니다. 설탕 대신 꿀을 넣어도 좋습니다.

# 통밀 호두 베이글

NO EGG RECIPE

우리 가족의 건강을 생각한다면 통밀을 활용해 베이글을 만들어보는 것은 어떨까요? 통밀은 밀가루보다 제분 횟수가 적어 입자가 굵고 거친 대신 영양소 파괴가 적고 식이섬유 함량이 높은 것이 특징이에요. 고소한 호두까지 더해 건강하고 맛있는 통밀 호두 베이글, 지금 만들어볼까요?

**난이도** ★★★★☆

**분량** 통밀 호두 베이글 6개 분량

**적정 반죽 온도** 27~28℃

**오븐 온도** 170~180℃로 13~15분(컨벡션 오븐 기준)

**재료**
강력분 310g
통밀 80g
물 230g
인스턴트 드라이 이스트(저당용) 5g
설탕 25g
소금 5g
무염 버터 20g
호두 70g

**그 외 재료**
물 1.5ℓ
설탕 50g

**계절별 물 사용 온도**

| 봄, 가을 | 여름 | 겨울 |
|---|---|---|
| 차가운 수돗물 온도인 것 | 냉장 보관한 것 | 전자레인지에 15초간 돌린 것 |

**사전 준비**
① 재료 계량하기
② 도구 준비하기
③ 버터는 실온에 미리 꺼내두기
④ 종이 포일은 가로 10㎝, 세로 10㎝로 잘라 6장 준비해두기
⑤ 예열된 오븐에 호두를 넣고 170℃에서 5~6분 구워주기
⑥ 반죽의 2차 발효가 50% 정도 진행된 후 190~195℃로 오븐 예열하기

1

2

3

4

# RECIPE

## STEP 1 반죽하기

① 물에 계량한 이스트를 넣고 섞은 뒤 설탕과 소금을 추가해 잘 젓는다.

② ①에 강력분과 통밀을 넣고 날가루가 없어질 때까지 가볍게 섞는다.

③ ②를 랩으로 꼼꼼하게 감싼 후 실온에 15분간 그대로 둔다. 숙성된 반죽을 꺼내 마미오븐의 손반죽 법에 따라 열심히 반죽한다. (27p 참고)
단, 베이글은 일반 빵과 달리 반죽 시간을 조금 줄여야 하므로 치대는 과정을 3분, 내리치고 접는 과정을 3~4분으로 한다.

④ 완성된 반죽에 호두를 넣고 잘 섞는다.

## STEP 2 1차 발효하기

⑤ 볼에 반죽을 넣고 랩이나 젖은 면포를 덮어 반죽이 마르지 않도록 한다.

⑥ ⑤를 실온에 두고 약 40분 정도 1차 발효한다.

## STEP 3 분할 & 중간 발효

⑦ 1차 발효를 마친 반죽을 6등분으로 분할 후 동글리기를 해준다.

⑧ ⑦에 랩이나 젖은 면포를 덮은 뒤 실온에서 약 15분간 중간 발효한다.

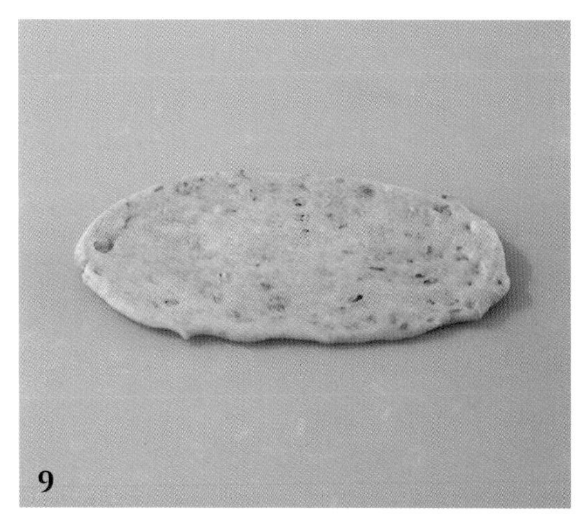
9

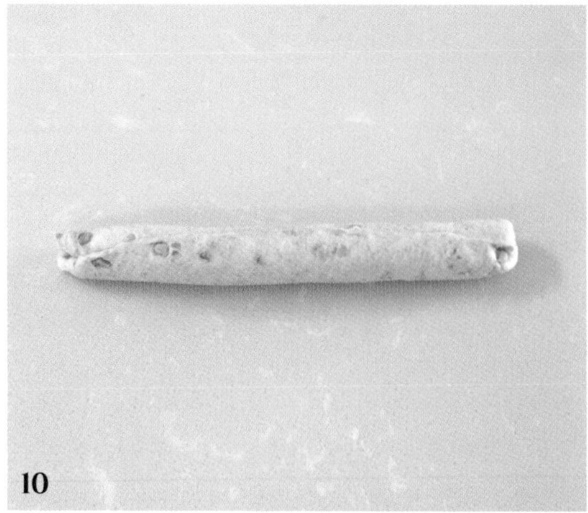
10

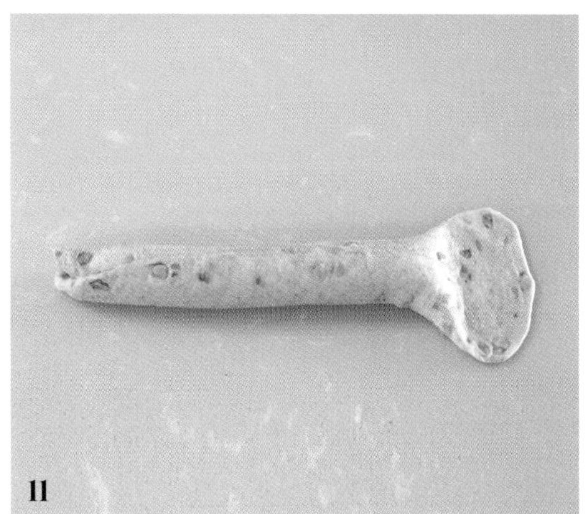
11

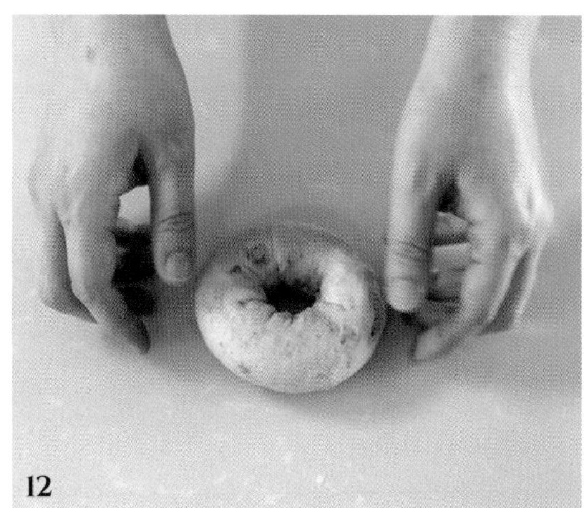
12

## STEP 4 성형

⑨ 반죽의 매끈한 면을 바닥에 놓고 가볍게 눌러 가스를 뺀 후 가로 28㎝, 세로 10㎝가 되도록 밀대로 밀어준다.

⑩ 밀대로 밀어 편 반죽을 돌돌 말아 이음매를 여며준다.

⑪ ⑩을 가볍게 굴려 전체적으로 굵기가 일정해지도록 하고 한쪽 끝 3㎝ 정도만 밀대로 납작하게 밀어 편다.

⑫ 납작하게 밀어 편 끝으로 나머지 반대쪽을 감싸 원 모양으로 만든다. 이음매는 꼼꼼히 여미도록 한다.

13

14

15

16

## STEP 5 팬닝 & 2차 발효

⑬ 종이 포일에 반죽의 이음매가 아래로 가도록 놓은 뒤 랩으로 덮고 30~40분 정도 2차 발효를 시작한다.

## STEP 6 굽기

⑭ 물과 설탕을 넣어 90℃로 끓여둔 설탕물에 2차 발효가 끝난 베이글을 넣고 앞뒷면 각각 13~15초씩 데친다.

⑮ 170~180℃로 예열된 오븐에 반죽을 넣고 13~15분 정도 굽는다.

⑯ 잘 구워진 베이글은 식힘망에 올려 한 김 식힌다.

### 마미오븐 TIP

저는 이 레시피에서 '밥스 레드 밀' 통밀을 사용했어요. 우리밀 통밀을 사용할 경우 반죽이 질게 될 수 있으니 물을 한꺼번에 넣지 말고 소량을 남겨 반죽의 되기를 보면서 추가하세요. 성형할 때 이음매 부분을 꼼꼼하게 여며야 물에서 데칠 때 풀리지 않는다는 것도 잊지 마세요!

# 모닝빵

바쁜 아침에 식사 대용으로 먹기 좋은 모닝빵! 일반적인 동그란 모양의 모닝빵이 아닌 사각 팬에 넣어 구운 모닝빵을 만나보세요. 부드럽게 결대로 찢어지는 촉촉한 모닝빵을 맛볼 수 있답니다.

**난이도** ★☆☆☆☆

**분량** 정사각팬 3호(19.5㎝ X 19.5㎝ X 4.5㎝) 1개 분량

**적정 반죽 온도** 27~28℃

**오븐 온도** 170~180℃ 12~15분(컨벡션 오븐 기준)

**재료**
- 강력분 250g
- 물 70g
- 인스턴트 드라이 이스트(고당용) 5g
- 우유 60g
- 달걀 1개
- 설탕 38g
- 소금 5g
- 무염 버터 40g
- 달걀물(노른자 1 : 물1) 적당량
- 녹인 버터 조금

**계절별 우유 사용 온도**

| 봄, 가을 | 여름 | 겨울 |
|---|---|---|
| 실온에 30분 정도 둔 것 (냉기가 빠진 정도) | 냉장 보관한 것 | 전자레인지에 20초간 돌린 것 |

**계절별 물 사용 온도**

| 봄, 가을 | 여름 | 겨울 |
|---|---|---|
| 차가운 수돗물 온도인 것 | 냉장 보관한 것 | 전자레인지에 15초간 돌린 것 |

**사전 준비**

① 재료 계량하기
② 도구 준비하기
③ 버터는 실온에 미리 꺼내두기
④ 달걀은 봄, 가을, 겨울에는 실온에 둔 것을, 여름에는 냉장 보관한 것을 사용하기
⑤ 노른자와 물을 1:1 비율로 섞어 달걀물 만들기
⑥ 반죽의 2차 발효가 50% 정도 진행된 후 190~195℃로 오븐 예열하기

1

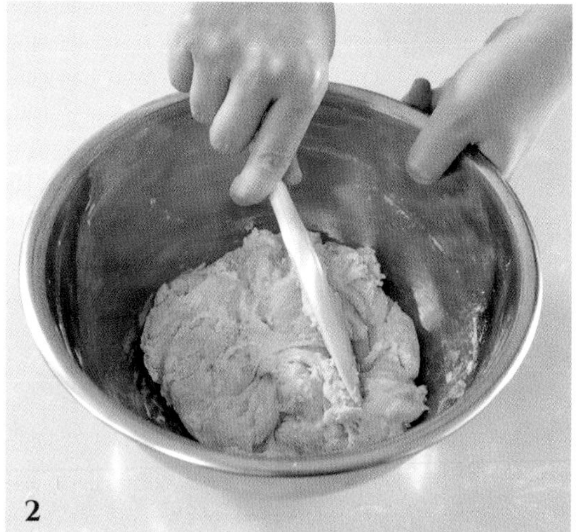
2

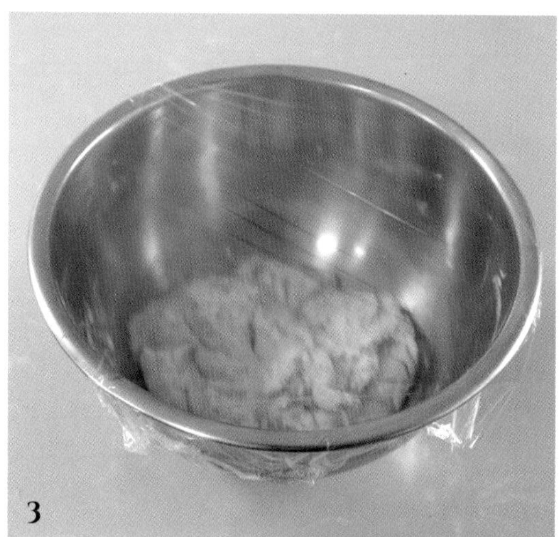
3

## RECIPE

### STEP 1 반죽하기

① 물에 계량한 이스트를 넣고 섞은 뒤 우유와 달걀, 설탕, 소금을 추가하여 잘 젓는다.

② ①에 강력분을 넣고 날가루가 없어질 때까지 가볍게 섞는다.

③ ②를 랩으로 꼼꼼하게 감싼 후 실온에 15분간 그대로 둔다. 숙성된 반죽을 꺼내 마미오븐의 손반죽 법에 따라 열심히 반죽한다. (27p 참고)

4

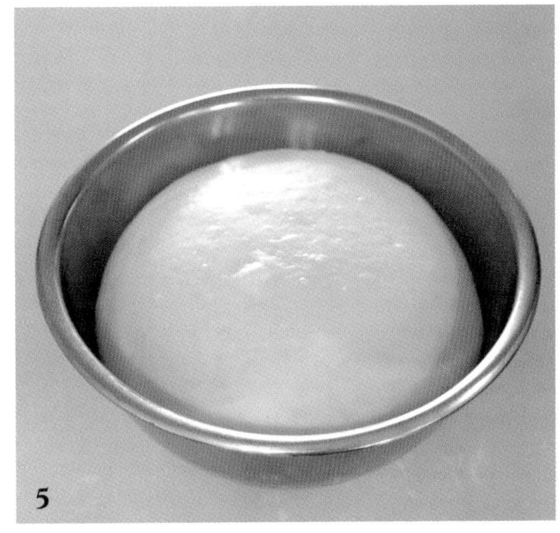
5

6

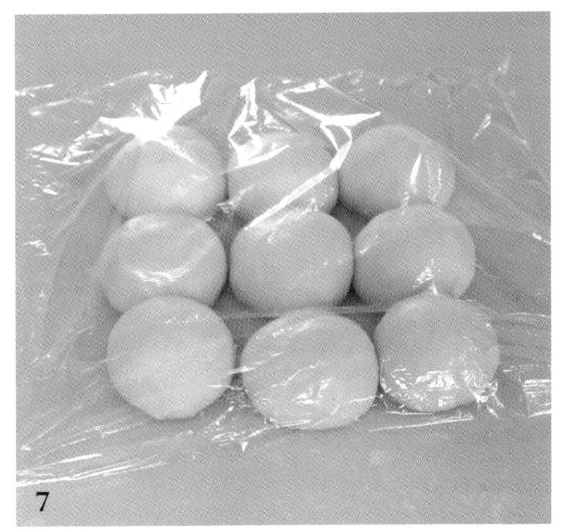
7

## STEP 2 1차 발효하기

④ 볼에 반죽을 넣고 랩이나 젖은 면포를 덮어 반죽이 마르지 않도록 한다.

⑤ ④를 실온에 두고 반죽의 부피가 약 2~3배가 되도록 약 1시간 정도 1차 발효한다.

## STEP 3 분할 & 중간 발효

⑥ 1차 발효를 마친 반죽을 9등분으로 분할 후 동글리기를 해준다.

⑦ ⑥에 랩이나 젖은 면포를 덮은 뒤 실온에서 약 15분간 중간 발효한다.

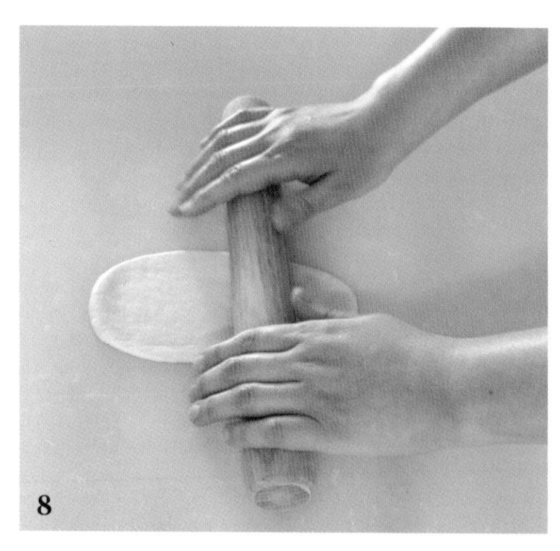
8

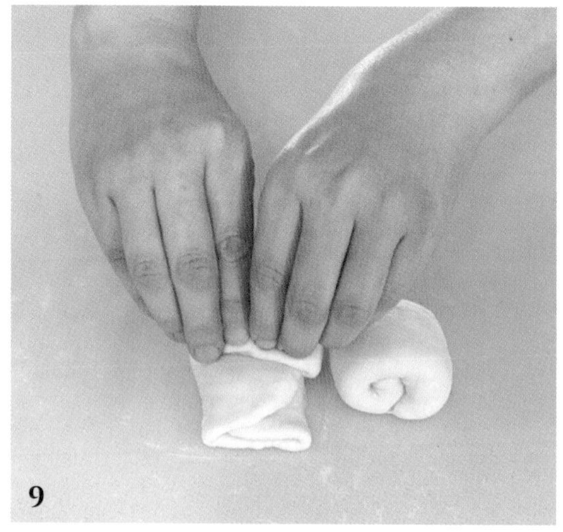
9

10

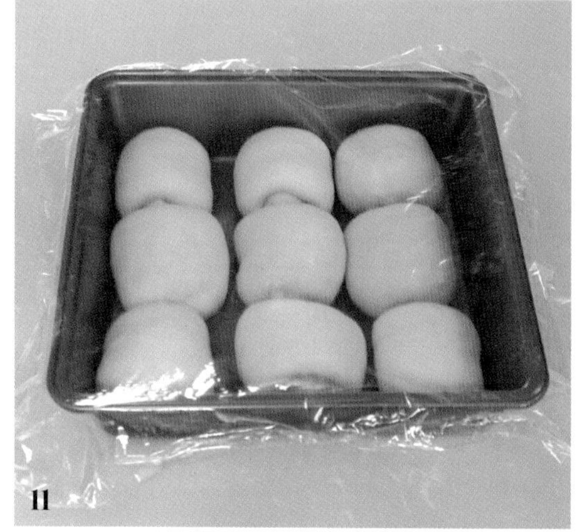
11

## STEP 4 성형

⑧ 반죽의 매끈한 면을 바닥에 놓고 가볍게 눌러 가스를 뺀 후 가로 12㎝, 세로 15㎝가 되도록 밀대로 밀어준다.

⑨ 밀대로 밀어 편 반죽을 3겹으로 접고 돌돌 말아준 뒤 이음매 부분을 꼬집어 여며준다.

## STEP 5 팬닝 & 2차 발효

⑩ 사각 팬에 반죽의 이음매가 아래로 가도록 일정한 간격으로 놓는다.

⑪ 반죽의 표면이 마르지 않도록 랩으로 덮고 부피가 2배가 될 때까지 2차 발효한다.

12

13

14

15

## STEP 6 굽기

⑫ 미리 만들어둔 달걀물을 붓에 묻혀 반죽 겉면에 바른다.

⑬ 170~180℃로 예열된 오븐에 반죽을 넣고 12~15분 정도 굽는다.

⑭ 잘 익은 반죽을 오븐에서 꺼내자마자 팬을 20~30㎝ 높이로 들고 큰 소리가 날 정도로 내리쳐 쇼크를 준다.

⑮ 빵을 식힘망에 올린 뒤 붓을 활용해 녹인 버터를 윗면에 골고루 바른다.

### 마미오븐 TIP

이 레시피는 반드시 사각 팬을 사용해야 하는 것은 아니에요. 사각 팬이 없다면 무스 틀, 원형 틀 등 집에 있는 어떤 모양의 팬이든 잘 활용하시면 됩니다. 이마저도 없다면 틀 없이 그냥 구워도 괜찮아요. 단, 무스 틀 같이 코팅이 되어 있지 않은 틀은 녹인 버터를 발라주어야 빵이 잘 분리됩니다. 모닝빵처럼 반죽이 진 경우 38p를 참고하여 덧가루를 뿌리면 훨씬 수월하게 작업할 수 있어요.

# 요거트 모닝빵

 NO EGG RECIPE

모닝빵 반죽에 요거트를 넣으면 더욱더 맛있고 부드러운 식감을 즐길 수 있다는 사실을 아시나요? 요거트 모닝빵은 한 번 만들어두면 취향에 맞는 속 재료를 넣어 여러 가지 샌드위치를 만들 수 있다는 장점도 있지요. 한 끼 식사로도 훌륭한 요거트 모닝빵, 지금 만들러 갑니다!

**난이도** ★☆☆☆☆

**분량** 모닝빵 16개 분량

**적정 반죽 온도** 27~28℃

**오븐 온도** 170~180℃로 10~12분(컨벡션 오븐 기준)

**재료**
- 강력분 350g
- 물 140g
- 인스턴트 드라이 이스트(고당용) 7g
- 플레인 요거트 80g
- 설탕 42g
- 소금 7g
- 무염 버터 40g
- 달걀물(노른자 1 : 물1) 약간

**계절별 물 사용 온도**

| 봄, 가을 | 여름 | 겨울 |
|---|---|---|
| 차가운 수돗물 온도인 것 | 냉장 보관한 것 | 전자레인지에 15초간 돌린 것 |

**사전 준비**

① 재료 계량하기

② 도구 준비하기

③ 버터와 플레인 요거트는 실온에 미리 꺼내두기

④ 노른자와 물을 1:1 비율로 섞어 달걀물 만들기

⑤ 반죽의 2차 발효가 50% 정도 진행된 후 190~195℃로 오븐 예열하기

1

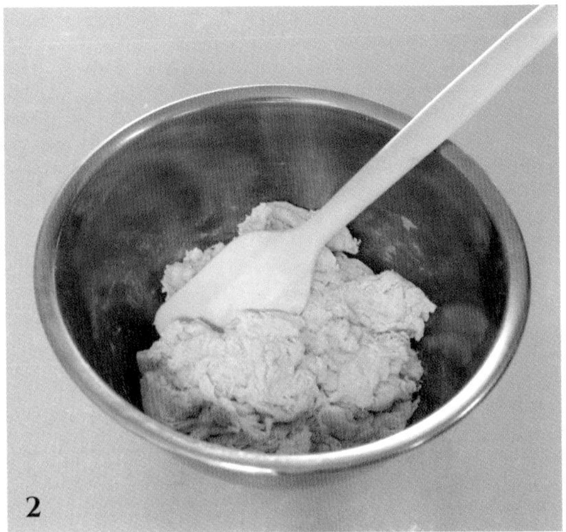
2

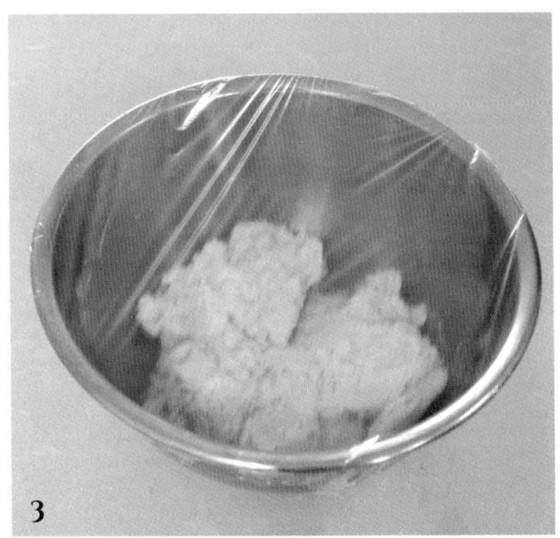
3

## RECIPE

### STEP 1 반죽하기

① 물에 계량한 이스트를 넣고 섞은 뒤 플레인 요거트와 설탕, 소금을 추가하여 잘 젓는다.

② ①에 강력분을 넣고 날가루가 없어질 때까지 가볍게 섞는다.

③ ②를 랩으로 꼼꼼하게 감싼 후 실온에 15분간 그대로 둔다. 숙성된 반죽을 꺼내 마미오븐의 손반죽 법에 따라 열심히 반죽한다. (27p 참고)

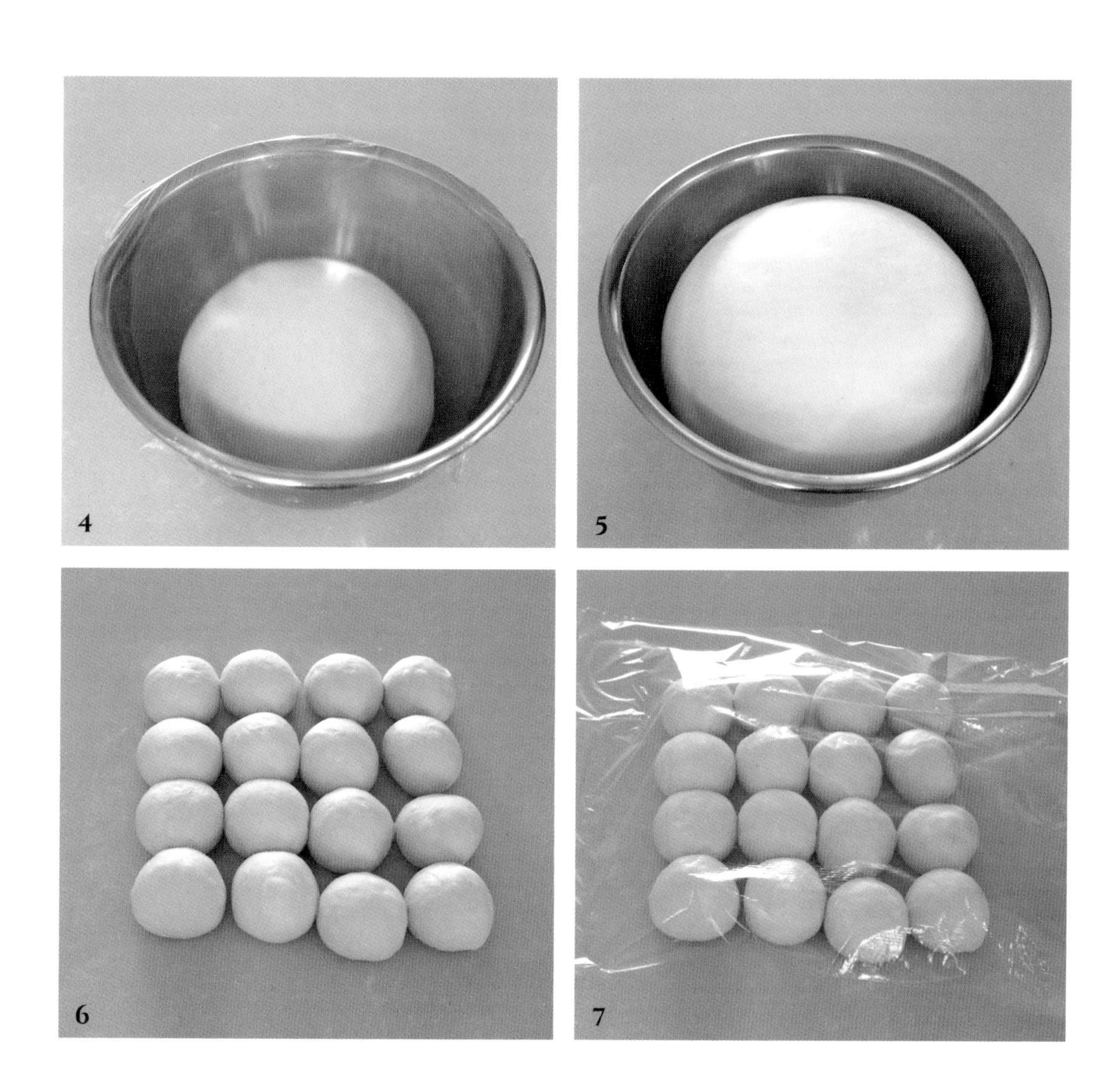

## STEP 2 1차 발효하기

④ 볼에 반죽을 넣고 랩이나 젖은 면포를 덮어 반죽이 마르지 않도록 한다.

⑤ ④를 실온에 두고 반죽의 부피가 약 2~3배가 되도록 약 1시간 정도 1차 발효한다.

## STEP 3 분할 & 중간 발효

⑥ 1차 발효를 마친 반죽을 16등분으로 분할 후 동글리기를 시작한다.

⑦ ⑥에 랩이나 젖은 면포를 덮은 뒤 실온에서 약 15분간 중간 발효한다.

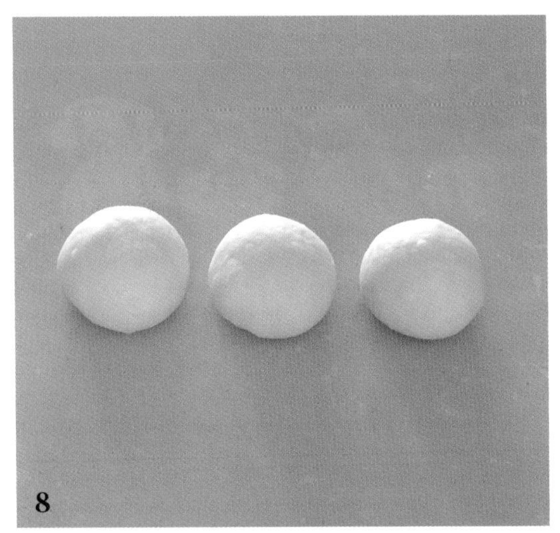
8

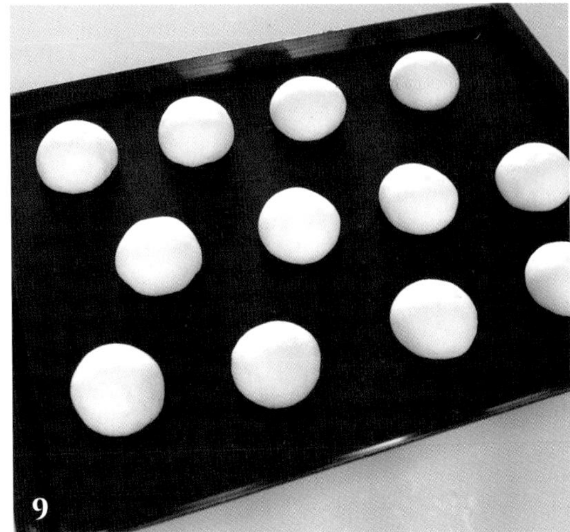
9

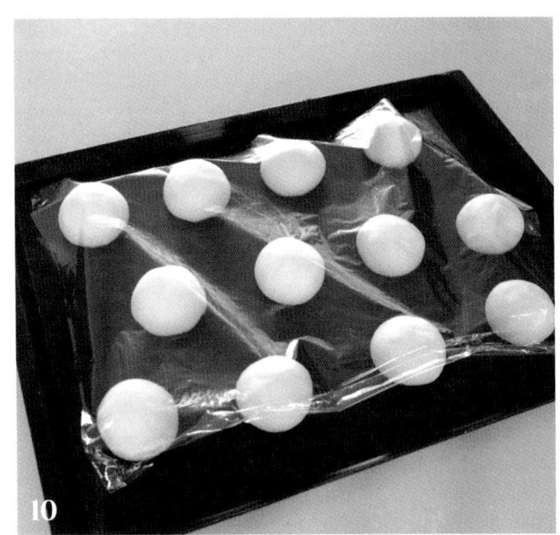
10

## STEP 4 성형

⑧ 충분히 발효된 반죽을 가볍게 눌러 가스를 뺀 뒤 아랫부분을 꼼꼼히 여미고 다시 동글리기를 한다.

## STEP 5 팬닝 & 2차 발효

⑨ 일정한 간격으로 띄워 팬에 반죽을 놓는다. 매끈한 면이 위로 가도록 한다.

⑩ 반죽의 표면이 마르지 않도록 랩으로 덮고 부피가 2배가 될 때까지 2차 발효한다.

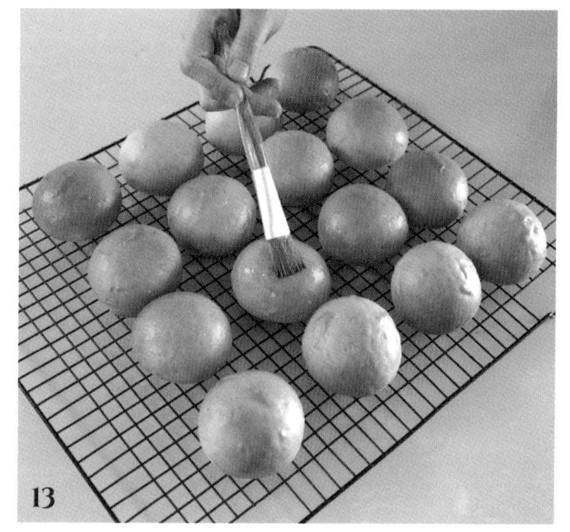


## STEP 6 굽기

⑪ 미리 만들어둔 달걀물을 붓에 묻혀 반죽 겉면에 잘 바른 후 170~180℃로 예열된 오븐에 반죽을 넣고 10~12분 정도 굽는다.

⑫ 잘 익은 반죽을 오븐에서 꺼내자마자 팬을 20~30㎝ 높이로 들고 큰 소리가 날 정도로 내리쳐 쇼크를 준다.

⑬ 분리된 빵을 식힘망에 올린 뒤 붓을 활용해 녹인 버터를 윗면에 골고루 바른다.

### 마미오븐 TIP

모닝빵은 성형 단계에서 아랫부분을 단단히 여민 후 동글리기를 해야 모양이 잘 유지됩니다. 오븐에서 갓 꺼낸 모닝빵은 표면이 딱딱할 수 있어요. 잘못된 게 아니니 놀라지 말고 잠시 식혀주세요. 한 김 식혀서 포장하면 더욱더 부드럽고 맛있는 모닝빵이 탄생한답니다. 완벽한 '노 에그 베이킹(No Egg Baking)'을 원한다면 달걀물 대신 우유를 반죽 겉면에 발라주면 됩니다.

# 밀크롤

우유가 듬뿍 들어가 부드럽고 촉촉해 아이들이 정말 좋아하는 밀크롤! 그냥 먹어도 맛있고, 각종 잼이나 속 재료를 추가해도 맛있어요. 특유의 풍미로 입안이 즐거운 밀크롤을 만들어볼까요?

**난이도** ★★☆☆☆

**분량** 밀크롤 12개 분량

**적정 반죽 온도** 27~28℃

**오븐 온도** 170~180℃로 10~12분(컨벡션 오븐 기준)

**재료**
- 강력분 350g
- 우유 165g
- 인스턴트 드라이 이스트(고당용) 5g
- 달걀 1개
- 설탕 42g
- 소금 7g
- 무염 버터 40g
- 달걀물(노른자 1 : 물1) 적당량
- 녹인 버터 약간

**계절별 우유 사용 온도**

| 봄, 가을 | 여름 | 겨울 |
|---|---|---|
| 실온에 30분 정도 둔 것<br>(냉기기 빠진 정도) | 냉장 보관한 것 | 전자레인지에 20초간 돌린 것 |

**사전 준비**

① 재료 계량하기
② 도구 준비하기
③ 버터는 실온에 미리 꺼내두기
④ 달걀은 봄, 가을, 겨울에는 실온에 둔 것을, 여름에는 냉장 보관한 것을 사용하기
⑤ 노른자와 물을 1:1 비율로 섞어 달걀물 만들기
⑥ 반죽의 2차 발효가 50% 정도 진행된 후 190~195℃로 오븐 예열하기

1

2

3

## RECIPE

### STEP 1 반죽하기

① 우유에 계량한 이스트를 넣고 섞은 뒤 달걀과 설탕, 소금을 추가하여 잘 젓는다.

② ①에 강력분을 넣고 날가루가 없어질 때까지 가볍게 섞는다.

③ ②를 랩으로 꼼꼼하게 감싼 후 실온에 15분간 그대로 둔다. 숙성된 반죽을 꺼내 마미오븐의 손반죽 법에 따라 열심히 반죽한다. (27p 참고)

## STEP 2 1차 발효하기

④ 볼에 반죽을 넣고 랩이나 젖은 면포를 덮어 반죽이 마르지 않도록 한다.

⑤ ④를 실온에 두고 반죽의 부피가 약 2~3배가 되도록 약 1시간 정도 1차 발효한다.

## STEP 3 분할 & 중간 발효

⑥ 1차 발효를 마친 반죽을 12등분으로 분할 후 동글리기를 한다.

⑦ ⑥에 랩이나 젖은 면포를 덮은 뒤 실온에서 약 15분간 중간 발효한다.

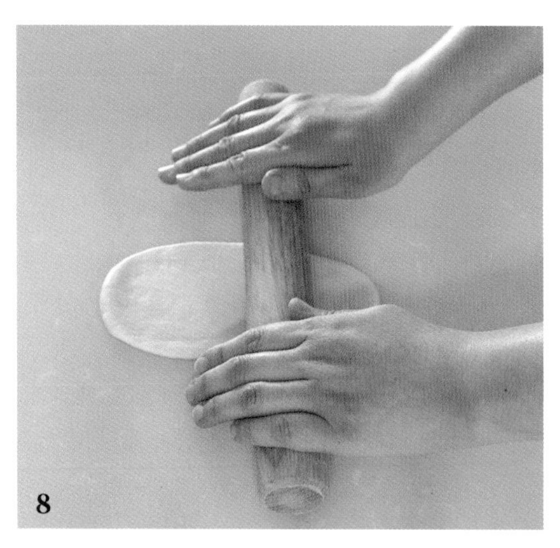


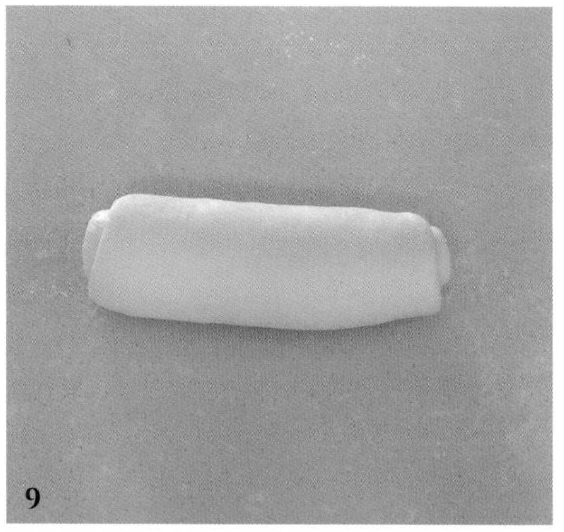

## STEP 4 성형

⑧ 반죽의 매끈한 면을 바닥에 놓고 가볍게 눌러 가스를 뺀 후 가로 8cm, 세로 12cm가 되도록 밀대로 밀어준다.

⑨ 밀대로 충분히 민 반죽을 돌돌 말아준 뒤 이음매 부분을 꼬집어 여며준다.

## STEP 5 팬닝 & 2차 발효

⑩ 팬에 1cm 간격을 띄우고 반죽을 놓는다. 매끈한 면이 위로 가도록 한다.

⑪ 반죽의 표면이 마르지 않도록 랩으로 덮고 부피가 2배가 될 때까지 2차 발효한다.

## STEP 6 굽기

⑫ 미리 만들어둔 달걀물을 붓에 묻혀 반죽 겉면에 골고루 바른 후 170~180℃로 예열된 오븐에 반죽을 넣고 10~12분 정도 굽는다.

⑬ 잘 익은 반죽을 오븐에서 꺼내자마자 팬을 20~30㎝ 높이로 들고 큰 소리가 날 정도로 내리쳐 쇼크를 준다.

⑭ 빵을 식힘망에 올린 뒤 붓을 활용해 녹인 버터를 윗면에 골고루 바른다.

### 마미오븐 TIP

간혹 레시피의 설탕 양을 마음대로 줄이는 분들이 계세요. 그럴 경우 전혀 다른 식감의 제품이 될 수 있으니 주의해주세요. 제빵에서 설탕은 단순히 단맛을 내는 역할만 하는 것이 아니라 빵의 결을 부드럽게 하는 역할도 한다는 사실을 잊지 마세요!

# 핫도그번

언제 먹어도 맛있는 핫도그를 집에서도 즐길 수 있다는 반가운 소식! 쉽고 간단한 마미오븐의 레시피로 핫도그번을 만들어보세요. 아이들 영양 간식으로 활용하기 딱이랍니다.

**난이도** ★★★☆☆

**분량** 핫도그번 8개 분량

**적정 반죽 온도** 27~28℃

**오븐 온도** 170~180℃로 8~12분(컨벡션 오븐 기준)

**재료**
- 강력분 300g
- 물 100g
- 인스턴트 드라이 이스트(고당용) 6g
- 우유 50g
- 달걀 1개
- 설탕 40g
- 소금 6g
- 무염 버터 50g
- 달걀물(노른자 1 : 물1) 적당량
- 녹인 버터 약간

**계절별 우유 사용 온도**

| 봄, 가을 | 여름 | 겨울 |
|---|---|---|
| 실온에 30분 정도 둔 것<br>(냉기가 빠진 정도) | 냉장 보관한 것 | 전자레인지에 20초간 돌린 것 |

**계절별 물 사용 온도**

| 봄, 가을 | 여름 | 겨울 |
|---|---|---|
| 차가운 수돗물 온도인 것 | 냉장 보관한 것 | 전자레인지에 15초간 돌린 것 |

**사전 준비**

① 재료 계량하기
② 도구 준비하기
③ 버터는 실온에 미리 꺼내두기
④ 달걀은 봄, 가을, 겨울에는 실온에 둔 것을, 여름에는 냉장 보관한 것을 사용하기
⑤ 노른자와 물을 1:1 비율로 섞어 달걀물 만들기
⑥ 반죽의 2차 발효가 50% 정도 진행된 후 190~195℃로 오븐 예열하기

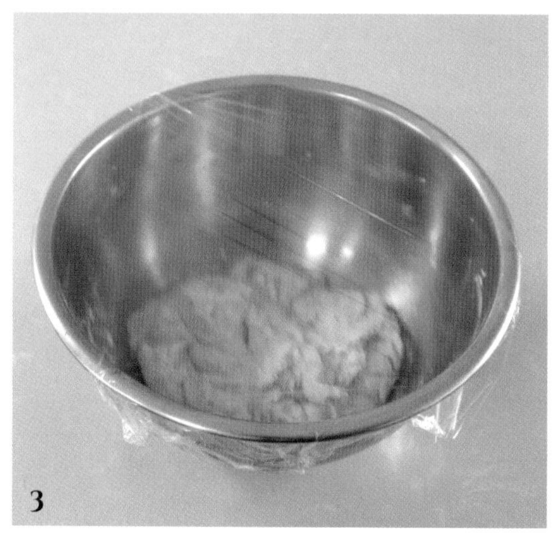

## RECIPE

### STEP 1 반죽하기

① 물에 계량한 이스트를 넣고 섞은 뒤 우유와 달걀, 설탕, 소금을 추가하여 잘 젓는다.

② ①에 강력분을 넣고 날가루가 없어질 때까지 가볍게 섞어준다.

③ ②를 랩으로 꼼꼼하게 감싼 후 실온에 15분간 그대로 둔다. 숙성된 반죽을 꺼내 마미오븐의 손반죽 법에 따라 열심히 반죽한다. (27p 참고)

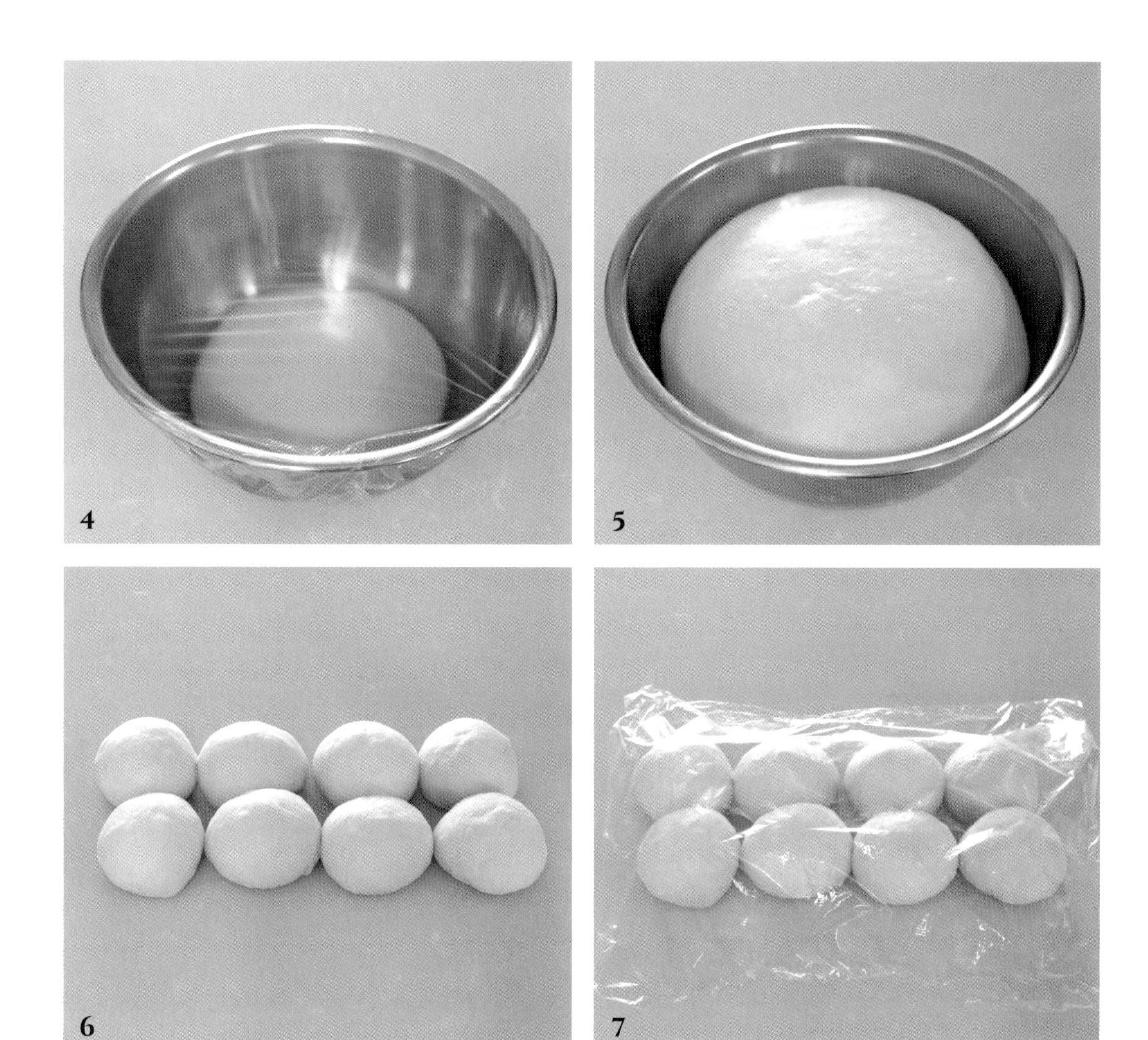

## STEP 2 1차 발효하기

④ 볼에 반죽을 넣고 랩이나 젖은 면포를 덮어 반죽이 마르지 않도록 한다.

⑤ ④를 실온에 두고 반죽의 부피가 약 2~3배가 되도록 약 1시간 정도 1차 발효한다.

## STEP 3 분할 & 중간 발효

⑥ 1차 발효를 마친 반죽을 8등분으로 분할 후 동글리기를 한다.

⑦ ⑥에 랩이나 젖은 면포를 덮은 뒤 실온에서 약 15분간 중간 발효한다.

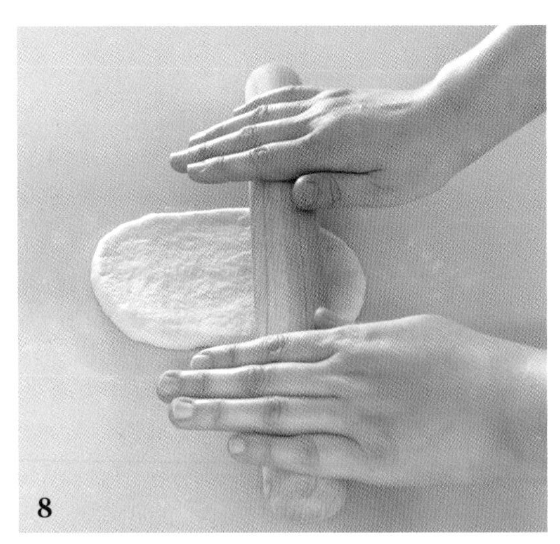


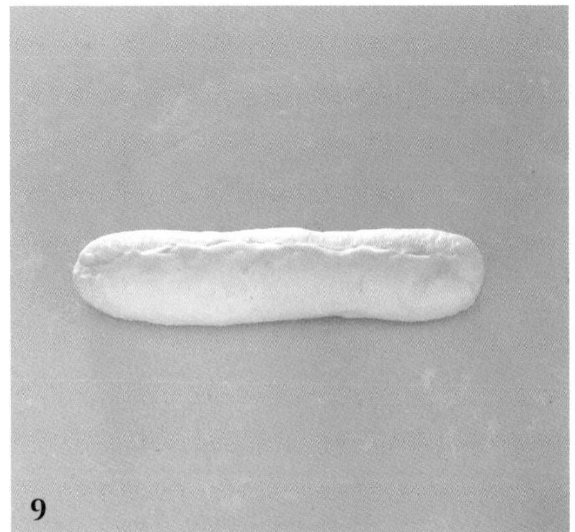

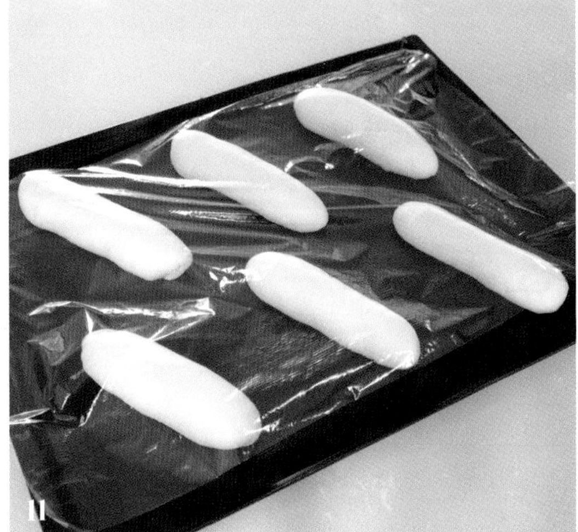


## STEP 4 성형

⑧ 반죽의 매끈한 면을 바닥에 놓고 가볍게 눌러 가스를 뺀 후 가로 10㎝, 세로 14㎝가 되도록 밀대로 밀어준다.

⑨ 밀대로 충분히 민 반죽을 돌돌 말아준 뒤 이음매 부분을 꼬집어 여미고 손바닥으로 살살 굴려 굵기를 일정하게 만들어준다.

## STEP 5 팬닝 & 2차 발효

⑩ 일정한 간격으로 띄워 팬에 반죽을 놓는다. 매끈한 면이 위로 가도록 한다.

⑪ 반죽의 표면이 마르지 않도록 랩으로 덮고 부피가 2배가 될 때까지 2차 발효한다.

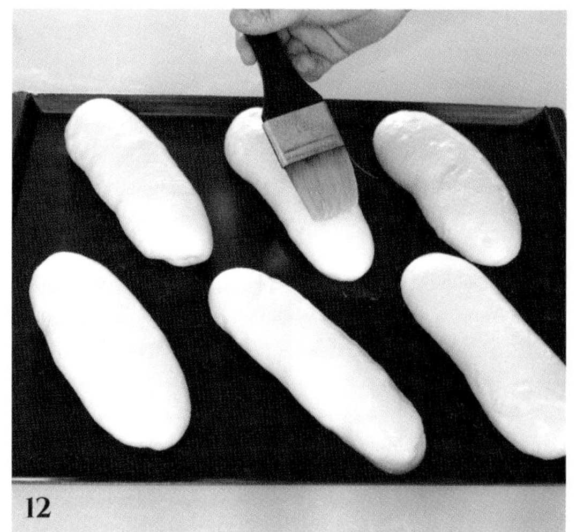
12

13

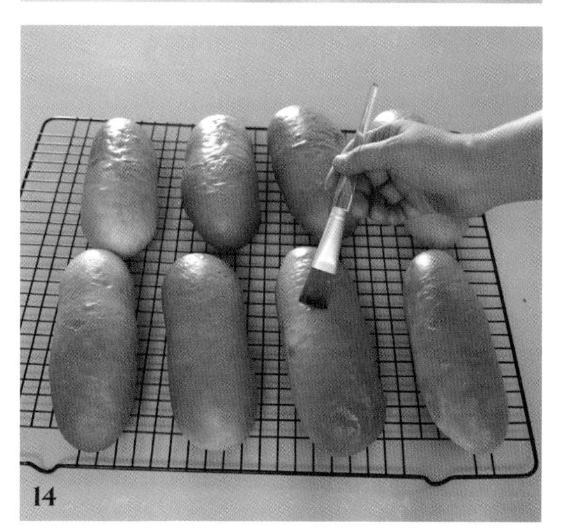
14

## STEP 6 굽기

⑫ 미리 만들어둔 달걀물을 붓에 묻혀 반죽 겉면에 골고루 바른 후 170~180℃로 예열된 오븐에 반죽을 넣고 8~12분 정도 굽는다.

⑬ 잘 익은 반죽을 오븐에서 꺼내자마자 팬을 20~30㎝ 높이로 들고 큰 소리가 날 정도로 내리쳐 쇼크를 준다.

⑭ 분리된 빵을 식힘망에 올린 뒤 붓을 활용해 녹인 버터를 윗면에 골고루 바른다.

### 마미오븐 TIP

핫도그번에 속 재료를 푸짐하게 넣고 싶을 때는 반죽 분할 단계에서 8등분이 아닌 6등분을 해보세요. 기존 레시피보다 더욱더 커다란 핫도그번이 완성된답니다.

# 버터롤

버터롤은 다른 빵에 비해 버터의 비중이 17% 이상 높아 깊은 풍미를 자랑해요. 달콤한 딸기잼을 발라 먹어도 좋고, 샌드위치를 만들어도 좋은 버터롤 레시피를 지금 공개합니다!

**난이도** ★★★★☆

**분량** 버터롤 12개 분량

**적정 반죽 온도** 27~28℃

**오븐 온도** 170~180℃로 10~12분(컨벡션 오븐 기준)

**재료**

- 강력분 350g
- 물 60g
- 인스턴트 드라이 이스트(고당용) 6g
- 우유 100g
- 달걀 1개
- 설탕 40g
- 소금 6g
- 무염 버터 60g
- 달걀물(노른자 1 : 물1) 적당량
- 녹인 버터 약간

**계절별 우유 사용 온도**

| 봄, 가을 | 여름 | 겨울 |
|---|---|---|
| 실온에 30분 정도 둔 것<br>(냉기가 빠진 정도) | 냉장 보관한 것 | 전자레인지에 20초간 돌린 것 |

**계절별 물 사용 온도**

| 봄, 가을 | 여름 | 겨울 |
|---|---|---|
| 차가운 수돗물 온도인 것 | 냉장 보관한 것 | 전자레인지에 15초간 돌린 것 |

**사전 준비**

① 재료 계량하기

② 도구 준비하기

③ 버터는 실온에 미리 꺼내두기

④ 달걀은 봄, 가을, 겨울에는 실온에 둔 것을, 여름에는 냉장 보관한 것을 사용하기

⑤ 노른자와 물을 1:1 비율로 섞어 달걀물 만들기

⑥ 반죽의 2차 발효가 50% 정도 진행된 후 190~195℃로 오븐 예열하기

## RECIPE

### STEP 1 반죽하기

① 물에 계량한 이스트를 넣고 섞은 뒤 우유와 달걀, 설탕, 소금을 추가하고 잘 젓는다.

② ①에 강력분을 넣고 날가루가 없어질 때까지 가볍게 섞는다.

③ ②를 랩으로 꼼꼼하게 감싼 후 실온에 15분간 그대로 둔다. 숙성된 반죽을 꺼내 마미오븐의 손반죽 법에 따라 열심히 반죽한다. (27p 참고)

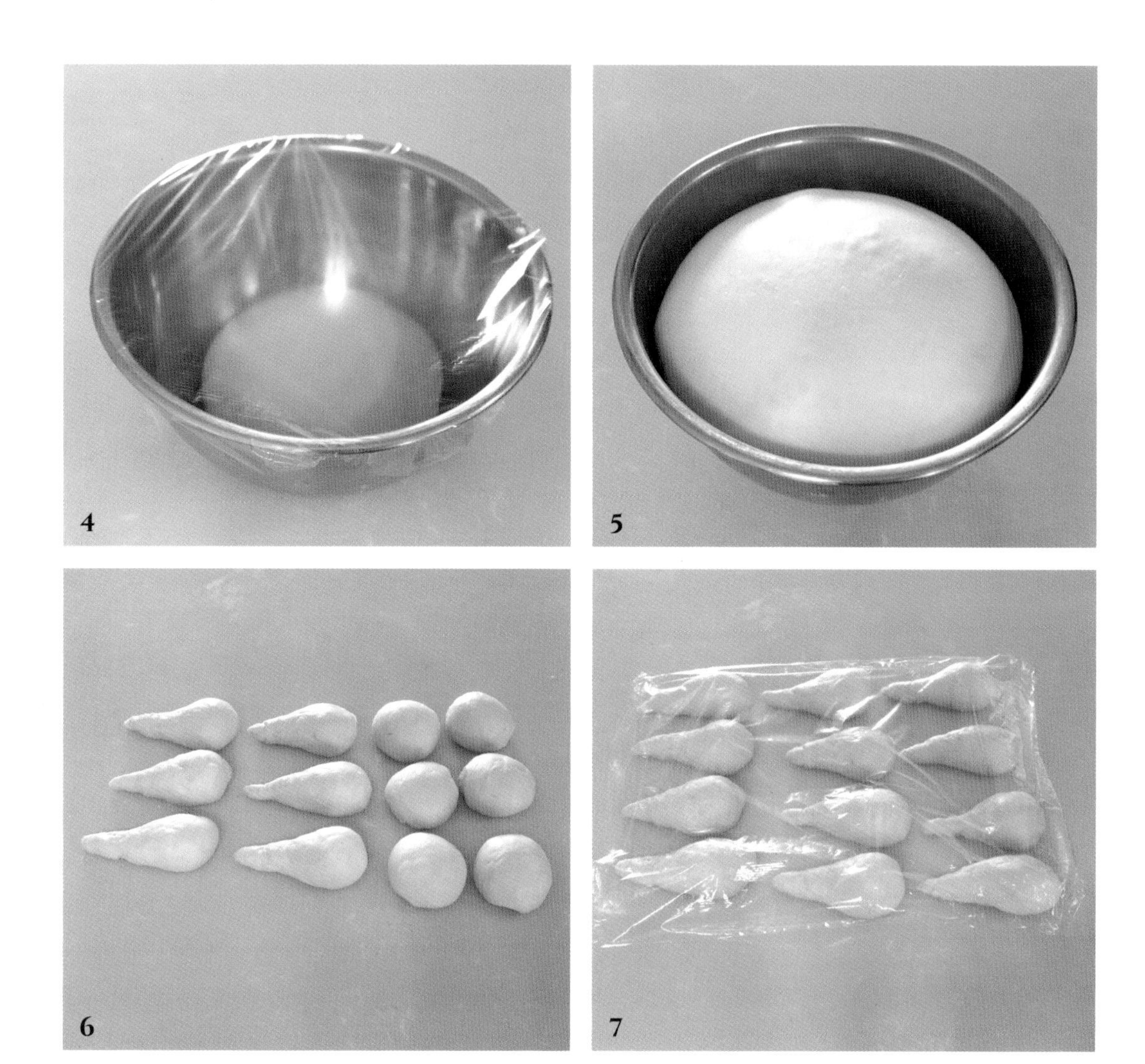

## STEP 2 1차 발효하기

④ 볼에 반죽을 넣고 랩이나 젖은 면포를 덮어 반죽이 마르지 않도록 한다.

⑤ ④를 실온에 두고 반죽의 부피가 약 2~3배가 되도록 약 1시간 정도 1차 발효한다.

## STEP 3 분할 & 중간 발효

⑥ 1차 발효를 마친 반죽을 12개로 나누고 동글리기 한 후 손바닥으로 한 면을 비비면서 길쭉한 물방울 모양으로 만든다.

⑦ ⑥에 랩이나 젖은 면포를 덮은 뒤 실온에서 약 15분간 중간 발효한다.

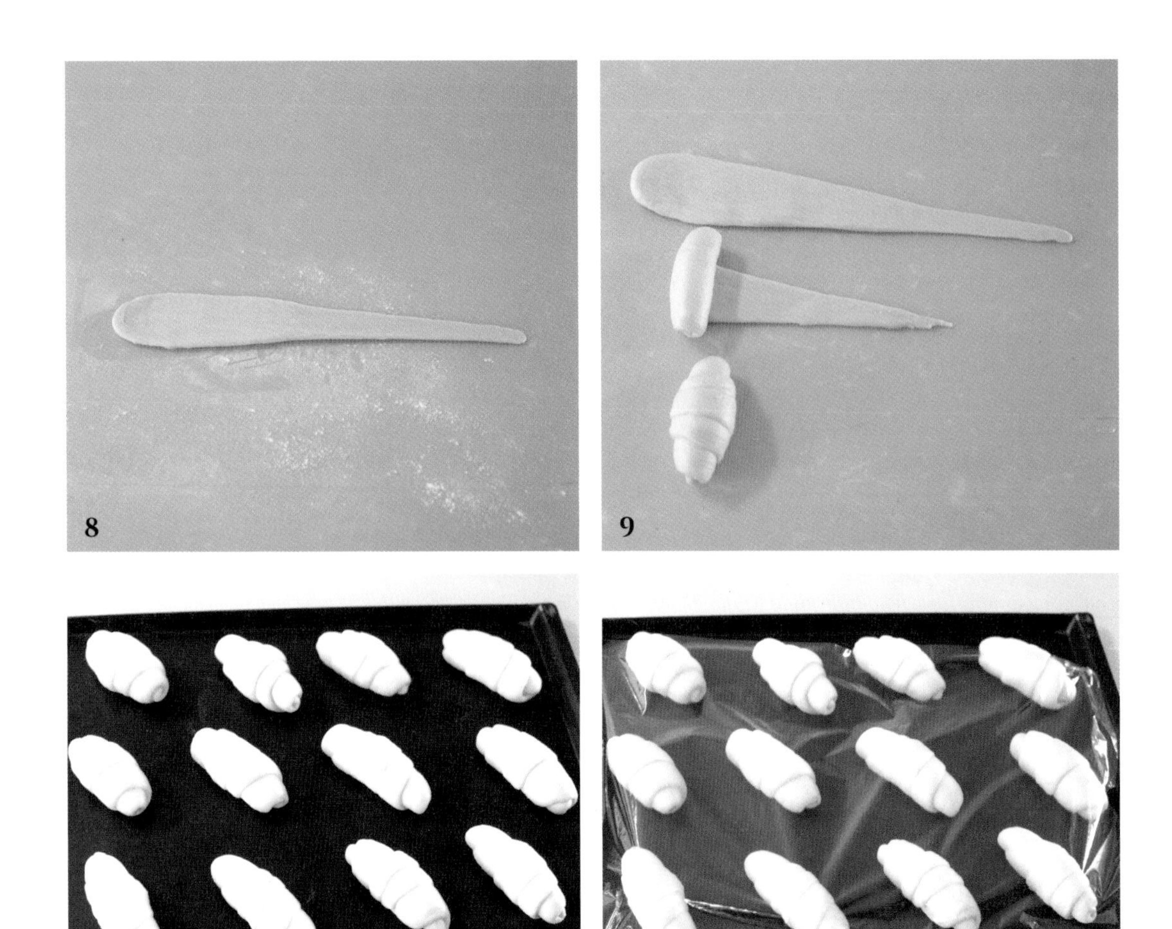

## STEP 4 성형

⑧ 반죽의 매끈한 면을 바닥에 놓고 가볍게 눌러 가스를 뺀 후 가로 5㎝, 세로 30㎝가 되도록 밀대로 밀어준다.

⑨ ⑧을 넓은 부분에서부터 아래로 돌돌 말아준 뒤 이음매 부분을 꼬집어 여며준다.

## STEP 5 팬닝 & 2차 발효

⑩ 일정한 간격으로 띄워 팬에 반죽을 놓는다. 매끈한 면이 위로 가도록 한다.

⑪ 반죽의 표면이 마르지 않도록 랩으로 덮고 부피가 2배가 될 때까지 2차 발효한다.

## STEP 6 굽기

⑫ 미리 만들어둔 달걀물을 붓에 묻혀 반죽 겉면에 골고루 바른 후 170~180℃로 예열된 오븐에 반죽을 넣고 10~12분 정도 굽는다.

⑬ 잘 익은 반죽을 오븐에서 꺼내자마자 팬을 20~30㎝ 높이로 들고 큰 소리가 날 정도로 내리쳐 쇼크를 준다.

⑭ 빵을 식힘망에 올린 뒤 붓을 활용해 녹인 버터를 윗면에 골고루 바른다.

### 마미오븐 TIP

반죽 늘리는 것이 어렵게 느껴진다면 반죽의 넓은 면을 납작하게 눌러 고정한 후 밀대로 밀면서 꼬리를 잡아당기세요. 밀대에 가해진 힘으로 인해 반죽이 쉽게 늘어나요.

# 잉글리시 머핀

 NO EGG RECIPE

이름에서 알 수 있듯이 영국인들이 아침 식사로 즐겨 먹었던 빵이 바로 잉글리시 머핀이에요. 빵 사이에 치즈와 햄, 달걀 등을 넣으면 그렇게 든든할 수가 없죠. 늘 가게에서 사 먹던 잉글리시 머핀을 집에서도 한번 만들어봅시다!

**난이도** ★★★☆☆

**분량** 잉그리시 머핀 틀(10㎝ X 10㎝ X 2.5㎝) 8개 분량

**적정 반죽 온도** 27~28℃

**오븐 온도** 170~180℃로 10~12분(컨벡션 오븐 기준)

**재료**
강력분 350g
우유 240g
인스턴트 드라이 이스트(저당용) 7g
식용유 20g
설탕 15g
소금 5g
옥수숫가루 혹은 통밀가루 적당량

**계절별 우유 사용 온도**

| 봄, 가을 | 여름 | 겨울 |
|---|---|---|
| 실온에 30분 정도 둔 것<br>(냉기가 빠진 정도) | 냉장 보관한 것 | 전자레인지에 20초간 돌린 것 |

**사전 준비**
① 재료 계량하기
② 도구 준비하기
③ 반죽의 2차 발효가 50% 정도 진행된 후 190~195℃로 오븐 예열하기
④ 잉글리시 머핀 틀에 버터를 바른 후 체로 거른 옥수숫가루를 뿌려 준비하기

# RECIPE

## STEP 1 반죽하기

① 우유에 계량한 이스트를 넣고 섞은 뒤 식용유와 설탕, 소금을 추가하고 잘 젓는다.

② ①에 강력분을 넣고 날가루가 없어질 때까지 가볍게 섞는다.

③ ②를 랩으로 꼼꼼하게 감싼 후 실온에 15분간 그대로 둔다. 숙성된 반죽을 꺼내 마미오븐의 손반죽 법에 따라 열심히 반죽한다. (27p 참고) 단, 잉글리시 머핀은 반죽 시간을 조금 줄여야 하므로 치대는 과정을 2~3분 정도 짧게 한다.

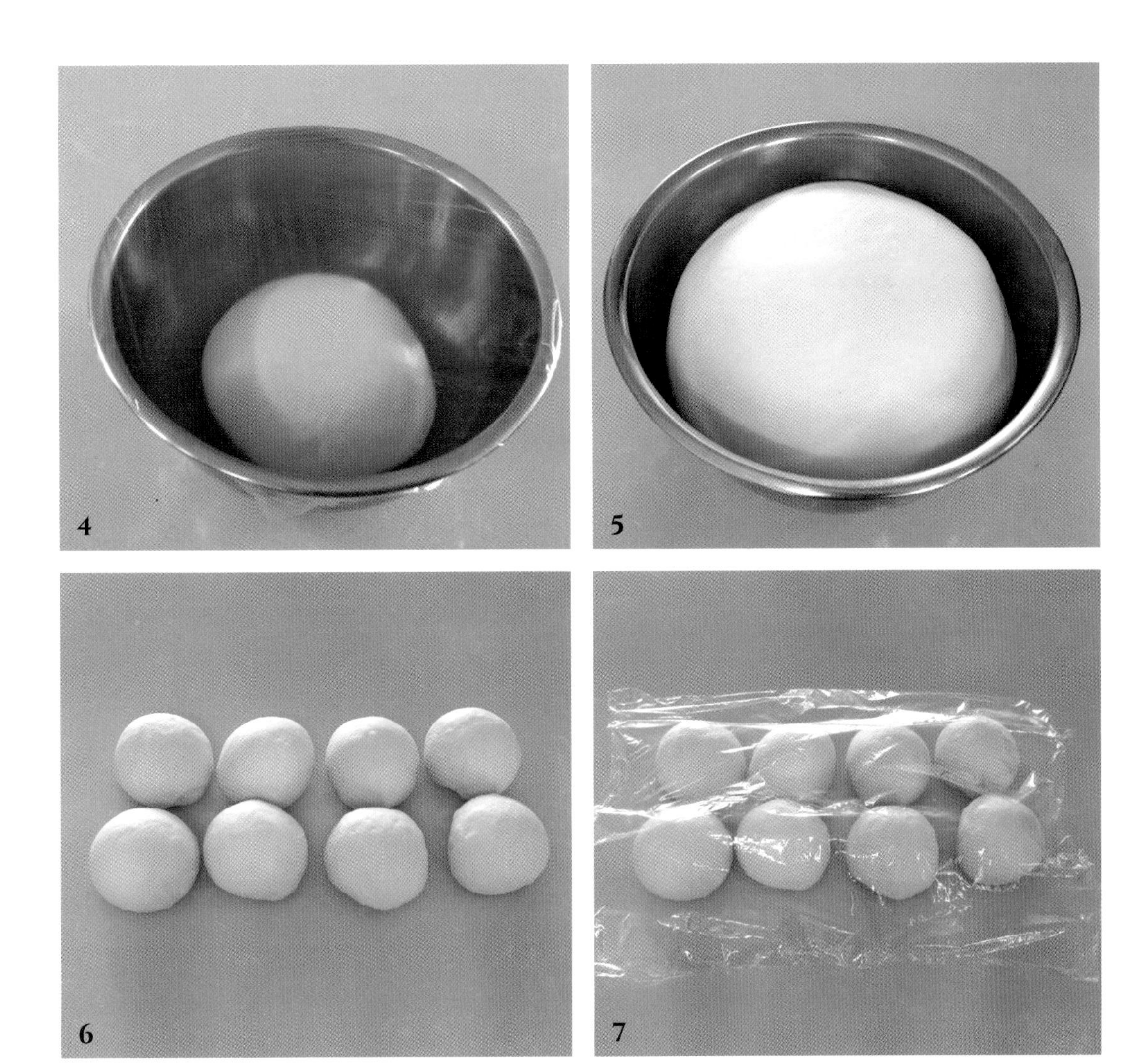


## STEP 2 1차 발효하기

④ 볼에 반죽을 넣고 랩이나 젖은 면포를 덮어 반죽이 마르지 않도록 한다.

⑤ ④를 실온에 두고 반죽의 부피가 약 2~3배가 되도록 약 1시간 정도 1차 발효한다.

## STEP 3 분할 & 중간 발효

⑥ 1차 발효를 마친 반죽을 8개로 나눈 후 동글리기를 한다.

⑦ ⑥에 랩이나 젖은 면포를 덮은 뒤 실온에서 약 15분간 중간 발효한다.

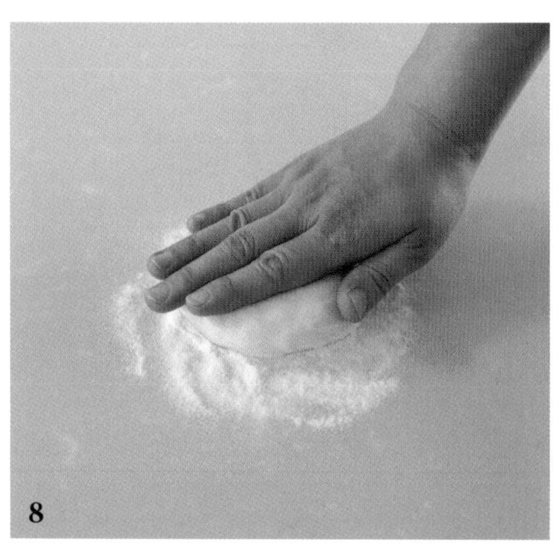

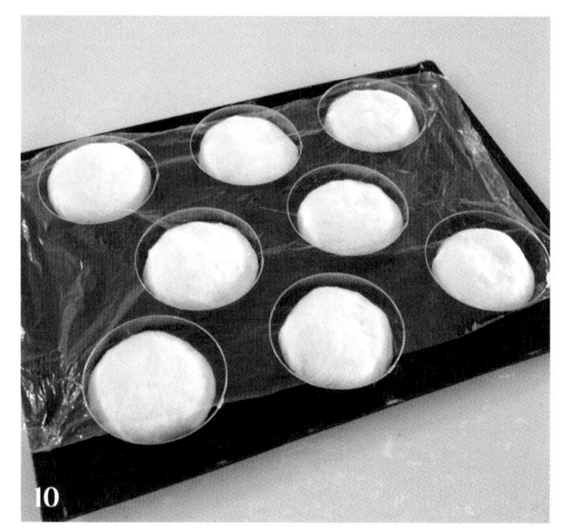


## STEP 4 성형

⑧ 옥수숫가루를 작업대에 넉넉히 뿌린 후 손바닥으로 반죽을 가볍게 누르면서 앞뒤로 옥수숫가루를 묻힌다.

## STEP 5 팬닝 & 2차 발효

⑨ 매끈한 면이 위로 가도록 팬에 반죽을 놓는다.

⑩ 반죽 표면이 마르지 않도록 랩으로 덮고 부피가 2배가 될 때까지 2차 발효한다.

## STEP 6 굽기

⑪ ⑩에 테프론시트 또는 종이 포일을 덮고 그 위에 오븐 팬 한 장을 올려 살짝 누른 상태에서 170~180℃로 예열된 오븐에 넣어 10~13분 정도 굽는다.

⑫ 잘 익은 반죽을 오븐에서 꺼내자마자 팬을 20~30㎝ 높이로 들고 큰 소리가 날 정도로 내리쳐 쇼크를 준다. 그렇게 분리된 빵을 식힘망에 식힌다.

### 마미오븐 TIP

잉글리시 머핀 틀 없이도 반죽을 오븐 팬에 올려 테프론시트를 덮고 누르면 잉글리시 머핀을 잘 구울 수 있어요. 반죽 시 들어가는 식용유 대신 포도씨유, 카놀라유 등을 사용해도 되지만, 향이 너무 강한 올리브유는 사용하지 않습니다.

## BONUS PART 3

# 마미오븐 Q&A 2 홈베이킹, 마미오븐에게 물어봐!

**Q. 레시피에 인스턴트 드라이 이스트 중 고당용을 쓰라고 나왔는데, 저당용을 사용해도 되나요?**

A. 인스턴트 드라이 이스트가 고당용, 저당용으로 나뉘는 기준은 바로 설탕이에요. 설탕 비율을 10%로 잡고 이 빵에 설탕 비율이 10% 이상이면 고당용 이스트, 10% 이하면 저당용 이스트를 사용하는 거죠. 기본적으로 설탕은 이스트의 좋은 먹이가 되는 재료인데, 이스트를 만드는 회사에서 설탕의 비율에 따라 더 잘 활성화할 수 있는 이스트를 개발했어요. 레시피에 고당용 이스트를 쓰라고 나왔다는 것은 그 빵에 들어가는 설탕 비율이 10%를 넘는다는 뜻이에요. 설탕 비율에 맞게 이스트를 사용하길 권장합니다. 그렇게 하면 이스트가 더 잘 활성화 되어서 발효에 도움을 주기 때문이에요. 하지만 집에 한 종류의 이스트만 있다면 그냥 그 제품을 사용하셔도 됩니다.

**Q. 연유브레드를 만들 때 설탕을 아예 넣지 않는 대신 연유의 양을 늘려도 될까요?**

A. 제빵에 사용되는 모든 재료는 저마다 역할이 있어요. 설탕도 마찬가지죠. 단순히 단맛만 내는 재료가 아니에요. 앞에서 말했듯이 설탕은 이스트의 좋은 먹이가 되어 빵의 발효를 도울 뿐만 아니라 구움 색을 더 예쁘게 낼 수 있도록 하고 빵을 더욱더 부드럽게 만들죠. 이런 설탕을 반죽에 넣지 않으면 이스트는 먹이가 없어 제 능력을 못 쓰고 결국 발효가 제대로 되지 못하는 불상사가 이어져요. 그렇기 때문에 설탕은 꼭 넣어주어야만 합니다.

**Q. 빵을 만들 때 특정 틀 또는 팬을 사용하라고 하잖아요. 꼭 그 도구가 있어야 하나요? 아니면 아무 팬이나 사용해도 되는지 궁금합니다.**

A. 레시피에 표기되어 있는 틀과 팬을 사용하는 것이 가장 좋긴 하지만, 없으면 집에 있는 것 중 아무거나 사용해도 무방해요. 그 빵을 만들기 위해 굳이 새로운 틀을 살 필요는 없습니다.

**Q. 마미오븐 님이 알려주신 제빵 레시피에 강력분 대신 강력 쌀가루를 똑같이 계량해서 빵을 만들어도 될까요?**

A. 그럼요. 강력 쌀가루로도 충분히 빵을 만들 수 있습니다. 대신 밀가루와 쌀가루의 수분율이 다르다는 사실을 알아두세요. 쌀가루가 밀가루보다 수분이 더 많아서 레시피에 포함된 물이나 우유의 양을 조절해야 합니다. 여기서 한 가지 더 중요한 포인트는 바로 발효예요. 쌀가루는 밀가루와 달리 1차 발효를 하지 않아도 된답니다. 1차 발효 과정을 생략하고 빵을 만들어보세요.

**Q. 날이 더울 때 왜 차가운 우유와 차가운 물을 사용하나요? 이스트 발효할 때는 미지근한 물을 써야 한다고 알고 있는데, 아닌가요?**

A. 반죽은 1년 365일 그 온도가 일정해야 합니다. 저는 그 기준을 27~28℃로 잡고 있어요. 그런데 온도와 습도가 높아지는 여름철에 반죽 온도를 유지하기가 쉽지 않죠. 봄, 가을처럼 미지근한 물을 사용하게 되면 과발효가 되어 빵을 망치기 마련입니다. 그러니 환경에 따라 반죽 온도를 맞추기 위해 차가운 우유와 차가운 물을 사용하는 것이죠. 반대로 겨울에는 전자레인지에서 15~20초 정도 돌린 물과 우유를 써서 반죽 온도를 맞춥니다.

**Q. 감자 식빵을 만들려고 하는데요, 감자는 뜨거운 상태 그대로 사용해야 하나요?**

A. 아니요. 뜨거운 감자를 넣으면 반죽 온도가 높아져요. 빵 반죽을 만들기 전 우선 감자를 찐 후 따뜻할 때 으깨놓습니다. 그리고 한 김 식힌 감자를 반죽에 넣어 사용하는 것이죠. 반죽 온도를 늘 27~28℃로 유지해야 한다는 점, 잊지 마세요!

**Q. 한 가지 밀가루만 사용했을 때와 중력분, 강력분을 섞어 쓸 때 어떤 차이가 있는지 궁금합니다. 그리고 한 가지 밀가루만 쓴다면 어떤 것을 써야 하나요?**

A. 제빵의 기본 재료가 되는 것은 강력분이에요. 강력분이 중력분, 박력분보다 글루텐을 생성할 수 있는 단백질 함량이 높기 때문이죠. 레시피에 따라 중력분을 조금 섞을 때도 있는데, 이는 식감을 맞추기 위해서예요. 강력분에 중력분을 조금 더하면 부드러운 식감을 얻을 수 있어요. 보통 강력분과 중력분을 8:2의 비율로 섞어서 사용합니다.

**Q. 잉글리시 머핀을 만들 때 옥수숫가루나 통밀가루가 없으면 어떻게 해야 할까요?**

A. 밀가루로 대체 가능합니다. 머핀이 서로 달라붙지 말라고 뿌려주는 것이기 때문에 반드시 옥수숫가루가 필요한 것은 아니에요. 하지만 조금 아쉽긴 하겠지요. 최대한 옥수숫가루를 미리 준비하는 것이 좋지만, 재료를 구하는 게 여의치 않고 급하게 만들어야 한다면 밀가루를 사용하세요.

**Q. 마미오븐 님, 저는 비건이라서 우유 없이 빵을 만들고 싶거든요. 우유가 들어가는 레시피에 물을 넣어도 괜찮을까요?**

A. 우유를 반죽에 넣으면 고소하고 담백한 맛이 나기 때문에 사용해요. 하지만 반드시 우유만 사용해야 하는 것은 아니랍니다. 비건이라면 우유 대신 물을 넣어도 좋아요. 물을 넣어 반죽하면 깔끔한 맛을 낼 수 있지요.

## 마미오븐 Q&A 2 홈베이킹, 마미오븐에게 물어봐!

**Q. 빵을 만들 때 올리브유는 좀처럼 사용하지 않는다고 하는데, 그 이유가 무엇인가요?**

A. 다른 오일과 달리 올리브유는 특유의 강한 향이 있어요. 그렇기 때문에 빵 반죽에는 잘 사용하지 않는 편이죠. 하지만 포카치아나 치아바타와 같은 빵을 만들 때는 올리브유를 사용합니다. 다른 빵 반죽에는 보통 포도씨 오일을 많이 쓰는데, 전 콩기름도 종종 이용해요. 올리브유를 제외한 나머지 기름은 제빵 시 전부 사용 가능합니다.

**Q. 반죽할 때 버터 대신 식용유를 사용해도 되나요?**

A. 사용해도 무방하지만 그렇게 되면 맛이 조금 달라질 수 있어요. 버터는 빵을 조금 더 부드럽게 하고 고소한 풍미를 더해주는데 식용유는 그러지 못하거든요. 대체해도 되지만 개인적으로 권하고 싶지는 않아요.

**Q. 버터 대신 마가린을 사용하는 것은 어떤가요?**

A. 문제없습니다. 동물성인 버터보다 식물성인 마가린이 풍미가 조금 떨어지긴 하지만 버터와 같은 역할을 충분히 해낼 수 있어요. 실제로 몇몇 제과 전문점에서는 버터가 아닌 마가린을 넣고 빵을 만들고는 해요. 버터보다 마가린이 조금 더 단가가 싸기 때문이죠. 만약 집에 버터는 없고 마가린만 있다면 그걸로 반죽을 만들어도 됩니다.

**Q. 집에 이스트는 없고 베이킹파우더가 있어요. 이걸 사용해도 될까요?**

A. 아니요. 제빵은 무조건 이스트가 필요해요. 베이킹파우더는 쓸 일이 없답니다. 같은 팽창제지만 베이킹파우더는 화학적 팽창제예요. 인위적으로 화학적 반응을 불러와 반죽을 팽창시키죠. 보통 제과에서 많이 사용해요. 반면 이스트는 효모, 즉 생물이랍니다. 제빵에서는 이 효모가 꼭 필요해요. 이스트가 물, 우유 등의 수분과 만나서 당을 먹고 활동하여 빵을 발효시키는 것이 기본 원리이기 때문이죠. 제빵을 할 때는 꼭 이스트를 사용해야 합니다.

**Q. 식빵을 굽고 난 후 표면에 버터를 바르는 특별한 이유가 있을까요?**

A. 빵 속에 있는 수분이 새어나가 건조해지는 것을 막기 위한 것이에요. 여기에 버터 특유의 광택까지 더해주니 빵이 더욱더 먹음직스럽게 변하기도 하고요.

**Q. 빵을 구우면 항상 안이 설익어서 밀가루 맛이 나요. 도대체 뭐가 문제일까요?**

A. 굽는 시간을 잘 지켰는지 확인해볼 필요가 있어요. 조금 더 오래 구웠어야 했는데 너무 빨리 꺼낸 경우 이런 현상이 나타나요. 만약 레시피에 나온 대로 시간을 잘 지켰는데도 그랬다면 오븐의 특성을 다시 한

번 파악해볼 필요가 있습니다. 오븐마다 특성이 다르기 때문에 동일한 시간을 작동해도 온도가 올라가는 속도는 다를 수 있거든요. 내 오븐이 어느 정도 시간이 지나야 빵을 충분하게 구워내는지 테스트해보는 것도 좋은 방법입니다. 다음에는 굽는 시간을 조금 더 늘리세요!

**Q. 오븐에서 빵을 꺼내니까 볼륨이 확 죽어버렸어요. 왜 이런 거죠?**

A. 쇼크를 주지 않았기 때문이에요. 오븐에서 갓 꺼낸 빵에는 뜨거운 공기가 가득 들어차 있어요. 이 상태로 실온에 두면 뜨거운 공기가 밖으로 나가면서 빵 안에 빈 공간이 생겨 주저앉는 것이죠. 따라서 빵을 오븐에서 꺼내자마자 바닥에 내리쳐 쇼크를 주는 것이 중요합니다. 마찰로 인한 충격 때문에 빵 안에 있는 뜨거운 공기가 나가고 대신 차가운 공기가 그 자리를 차지해 볼륨이 유지된답니다.

**Q. 달걀물을 칠할 때 사용하는 붓은 어디서 구매하셨나요?**

A. 보통 인터넷 베이킹 쇼핑몰에서 구매하는 편이에요. 다른 도구들을 살 때 같이 장바구니에 담아두죠. 깜빡하고 붓을 사지 못했을 때는 근처 마트로 달려가 화장품용 붓을 사요. 저는 팩 바를 때 사용하는 붓이 딱 좋더라고요.

**Q. 달걀물은 어떻게 만들어서 사용하시나요? 정확한 계량이 궁금해요!**

A. 노른자 1개 분량에 물 한 큰술을 더해요. 테이블 스푼 기준입니다. 약 15㎖ 정도 되겠네요. 노른자의 양에 따라 물의 양은 조금씩 조절해줍니다.

**Q. 에어프라이어로 빵을 구웠더니 완전히 떡이 되었어요. 손반죽을 잘못해서 그럴까요? 아니면 오븐이 아닌 에어프라이어를 사용해서 그런 걸까요?**

A. 아마도 손반죽보다 에어프라이어 탓일 가능성이 커요. 오븐과 비교했을 때 확실히 결과물에서 차이가 나거든요. 에어프라이어로도 빵을 구울 수는 있지만, 좁은 공간에서 급격히 열을 가해 구우니 겉만 빨리 익고 속은 안 익을 때가 있더라고요. 오븐은 공간이 충분해 그 안에서 뜨거운 공기가 이동하며 빵을 골고루 익히죠. 쉽게 예를 들어볼까요? 우리가 같은 양의 쌀을 씻고 물을 부은 후 하나는 큰 냄비에 밥을 하고, 다른 하나는 좁은 냄비에 담아 동일한 열을 가해 밥을 한다고 생각해보세요. 작은 냄비의 쌀은 설익을 것이 분명합니다. 그것과 똑같은 원리라고 생각하면 쉬워요.

**Q. 식빵은 충분히 식힌 후 잘라야 한다고 들었어요. 보통 몇 시간 정도 식히는 게 적당한가요?**

A. 갓 구운 식빵은 자르기 힘든 제품이죠. 따뜻할 때 자르면 볼륨이 폭삭 주저앉아 찌그러지기 때문이에요. 이를 막기 위해 보통 1~2시간 정도 충분히 식힌 뒤 빵을 자르죠. 칼을 대기 전 식빵에서 온기가 사라졌는지 반드시 확인하세요.

# SWEET BREAD

## 달콤한 추억을 간직한 간식빵

# 소시지빵

어린 시절 엄마 손 잡고 시장에 가 맛있게 먹었던 소시지빵! 오동통한 소시지와 부드러운 빵의 조화가 일품이었죠. 엄마, 아빠의 추억이 어린 소시지빵을 아이들에게도 맛보여주는 것은 어떨까요? 누구나 쉽고 간단하게 만들 수 있는 마미오븐의 특급 레시피를 공개합니다.

**난이도** ★★★★☆

**분량** 소시지빵 8개 분량

**적정 반죽 온도** 27~28℃

**오븐 온도** 170~180℃로 10~12분(컨벡션 오븐 기준)

**재료**
강력분 300g, 물 70g
인스턴트 드라이 이스트(고당용) 6g
우유 70g, 달걀 1개
설탕 40g, 소금 5g
소시지 8개
무염 버터 40g

**야채 토핑 재료**
다진 양파 1개
통조림 옥수수 3큰술
마요네즈 1큰술

**장식용 재료**
모차렐라 치즈 적당량
마요네즈 약간, 케첩 약간
파슬리가루 약간

**계절별 우유 사용 온도**

| 봄, 가을 | 여름 | 겨울 |
|---|---|---|
| 실온에 30분 정도 둔 것 (냉기가 빠진 정도) | 냉장 보관한 것 | 전자레인지에 20초간 돌린 것 |

**계절별 물 사용 온도**

| 봄, 가을 | 여름 | 겨울 |
|---|---|---|
| 차가운 수돗물 온도인 것 | 냉장 보관한 것 | 전자레인지에 15초간 돌린 것 |

**사전 준비**
① 재료 계량하기
② 도구 준비하기
③ 버터는 실온에 미리 꺼내두기
④ 달걀은 봄, 가을, 겨울에는 실온에 둔 것을, 여름에는 냉장 보관한 것을 사용하기
⑤ 반죽의 2차 발효가 50% 정도 진행된 후 190~195℃로 오븐 예열하기

1

2

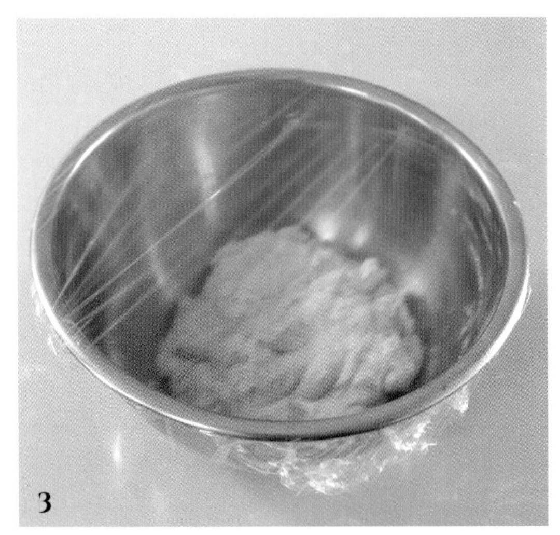
3

# RECIPE

## STEP 1 반죽하기

① 물에 계량한 이스트를 넣고 섞은 뒤 우유와 달걀, 설탕, 소금을 추가해 잘 젓는다.

② ①에 강력분을 넣고 날가루가 없어질 때까지 가볍게 섞는다.

③ ②를 랩으로 꼼꼼하게 감싼 후 실온에 15분간 그대로 둔다. 숙성된 반죽을 꺼내 마미오븐의 손반죽 법에 따라 열심히 반죽한다. (27p 참고)

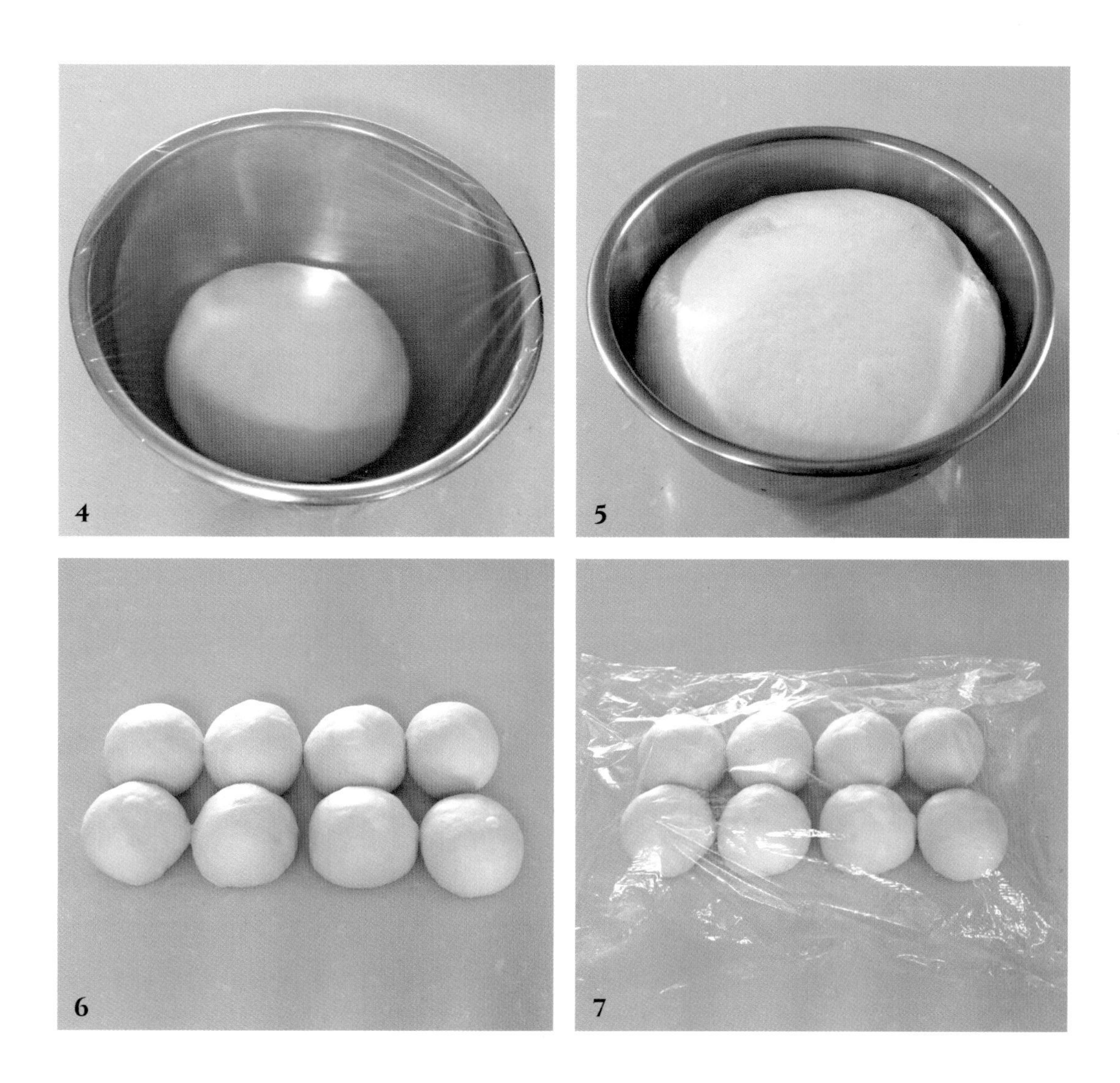


## STEP 2 1차 발효하기

④ 볼에 반죽을 넣고 랩이나 젖은 면포를 덮어 반죽이 마르지 않도록 한다.

⑤ ④를 실온에 두고 반죽의 부피가 약 2~3배가 되도록 약 1시간 정도 1차 발효한다.

## STEP 3 분할 & 중간 발효

⑥ 1차 발효를 마친 반죽을 8개로 나눈 후 동글리기 한다.

⑦ ⑥에 랩이나 젖은 면포를 덮은 뒤 실온에서 약 15분간 중간 발효한다.

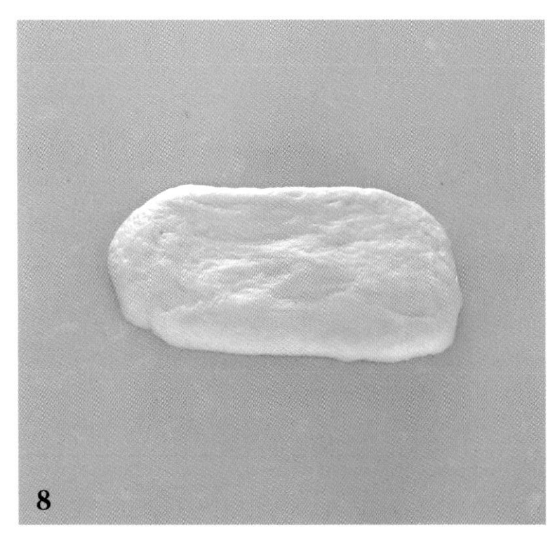
8

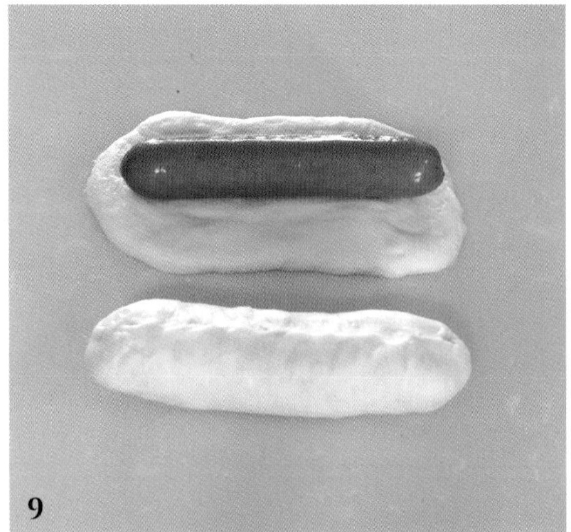
9

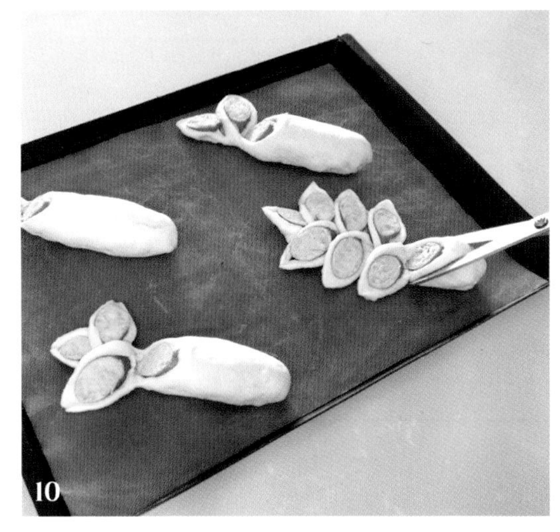
10

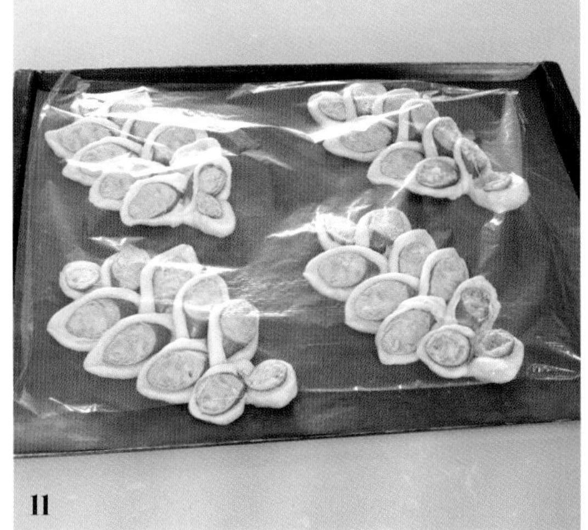
11

## STEP 4 성형

⑧ 충분히 발효된 반죽을 손바닥으로 가볍게 눌러 가스를 빼준다.

⑨ 반죽의 매끈한 면을 바닥에 놓고 소시지를 감싼 후 이음매 부분을 꼬집어 여며준다.

## STEP 5 팬닝 & 2차 발효

⑩ 반죽의 매끈한 면이 위로 가도록 팬에 놓고 가위를 45도 각도로 세워 끝부분을 조금 남기며 7번 자른다. 잘린 반죽을 지그재그 형태로 놓아준다.

⑪ 반죽의 표면이 마르지 않도록 랩으로 덮고 부피가 2배로 늘어날 때까지 2차 발효한다.

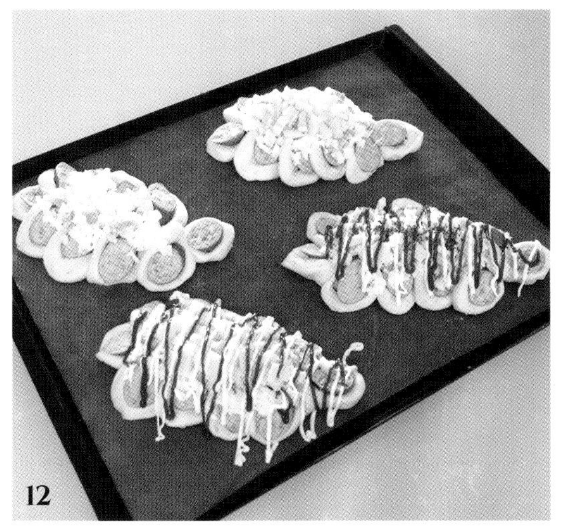

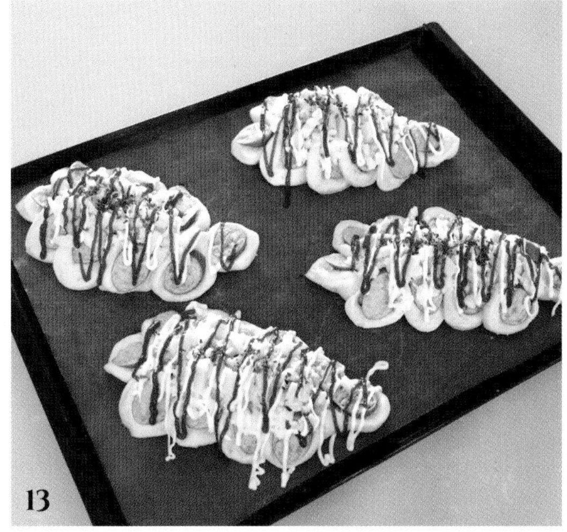

## STEP 6 굽기

⑫ 마요네즈와 통조림 옥수수, 다진 양파를 버무려 ⑪에 올려준 뒤 모차렐라 치즈를 뿌리고 마요네즈와 케첩, 파슬리 가루로 장식한다.

⑬ 170~180℃로 예열된 오븐에 반죽을 넣고 10~12분 정도 굽는다.

⑭ 잘 익은 반죽을 오븐에서 꺼내자마자 팬을 20~30㎝ 높이로 들고 큰 소리가 날 정도로 내리쳐 쇼크를 준다. 그렇게 분리된 빵을 식힘망에 올려 식힌다.

### 마미오븐 TIP

마요네즈에 통조림 옥수수와 다진 양파를 넣고 미리 버무리면 물이 생기니 반드시 반죽의 2차 발효가 끝난 후 버무려 사용하세요. 모차렐라 치즈는 한 줌씩 올려주는 것이 적당합니다. 너무 많은 양을 사용하면 빵이 짜질 수 있으니 주의하세요.

# 시나몬롤

시나몬을 누구보다 사랑하는 분이라면 지금 당장 시나몬롤에 도전해보세요! 마미오븐의 손반죽과 함께라면 향긋한 시나몬 향이 물씬 풍기는 달콤한 시나몬롤을 손쉽게 만들 수 있거든요. 선물용으로도 정말 좋은 시나몬롤, 지금 만들어볼까요?

**난이도** ★★★★☆

**분량** 시나몬롤 9개 분량

**적정 반죽 온도** 27~28℃

**오븐 온도** 170~180℃로 12~15분(컨벡션 오븐 기준)

**재료**
강력분 300g
우유 160g
인스턴트 드라이 이스트(고당용) 8g
달걀 1개, 설탕 60g
소금 6g, 무염 버터 60g
녹인 버터 40g
달걀물(노른자 1 : 물1) 적당량

**시나몬 필링 재료**
흑설탕 100g
시나몬 파우더 4g
다진 피칸 100g

**아이싱 재료**
슈거파우더 80g
우유 20g

**계절별 우유 사용 온도**

| 봄, 가을 | 여름 | 겨울 |
|---|---|---|
| 실온에 30분 정도 둔 것<br>(냉기가 빠진 정도) | 냉장 보관한 것 | 전자레인지에 20초간 돌린 것 |

**사전 준비**
① 재료 계량하기
② 도구 준비하기
③ 버터는 실온에 미리 꺼내두기
④ 달걀은 봄, 가을, 겨울에는 실온에 둔 것을, 여름에는 냉장 보관한 것을 사용하기
⑤ 노른자와 물을 1:1 비율로 섞어 달걀물 만들기
⑥ 머핀 유산지에 기름칠하기
⑦ 반죽의 2차 발효가 50% 정도 진행된 후 190~195℃로 오븐 예열하기

1

2

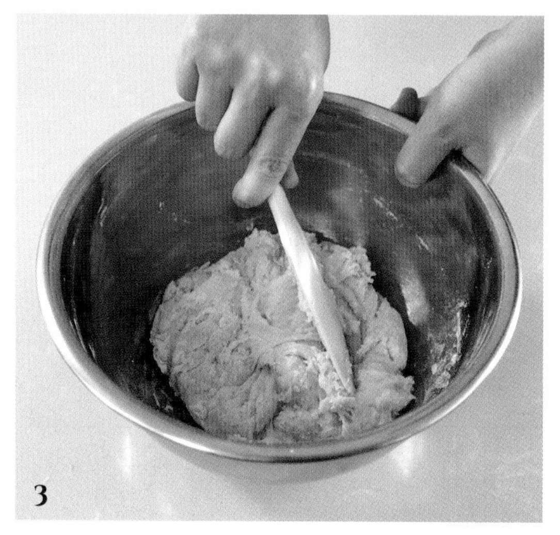
3

4

# RECIPE

## STEP 1 시나몬 필링 만들기

① 흑설탕과 시나몬 파우더, 다진 피칸을 고루 섞어 시나몬 필링을 만든다.

## STEP 2 반죽하기

② 우유에 계량한 이스트를 넣고 섞은 뒤 설탕과 소금, 달걀을 추가하고 잘 젓는다.

③ ②에 강력분을 넣고 날가루가 없어질 때까지 가볍게 섞는다.

④ ③을 랩으로 꼼꼼하게 감싼 후 실온에 15분간 그대로 둔다. 숙성된 반죽을 꺼내 마미오븐의 손반죽 법에 따라 열심히 반죽한다. (27p 참고)

## STEP 3 1차 발효하기

⑤ 볼에 반죽을 넣고 랩이나 젖은 면포를 덮어 반죽이 마르지 않도록 한다.

⑥ ⑤를 실온에 두고 반죽의 부피가 약 2~3배가 되도록 약 1시간 정도 1차 발효한다.

## STEP 4 분할 & 중간 발효

⑦ 1차 발효를 마친 반죽을 가볍게 눌러 가스를 빼고 동글리기 한다.

⑧ ⑦에 랩이나 젖은 면포를 덮은 뒤 실온에서 약 15분간 중간 발효한다.

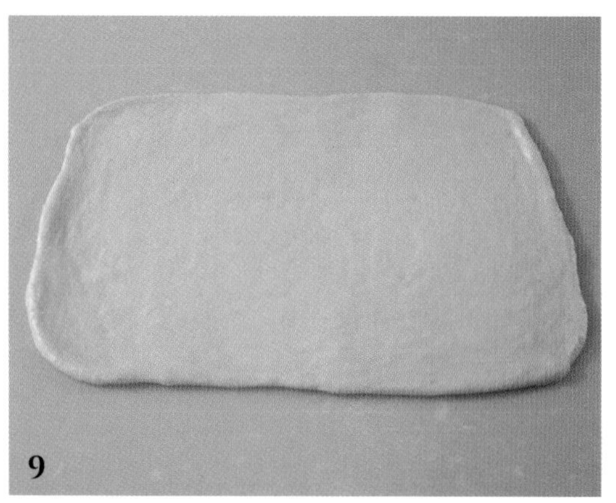
9

10

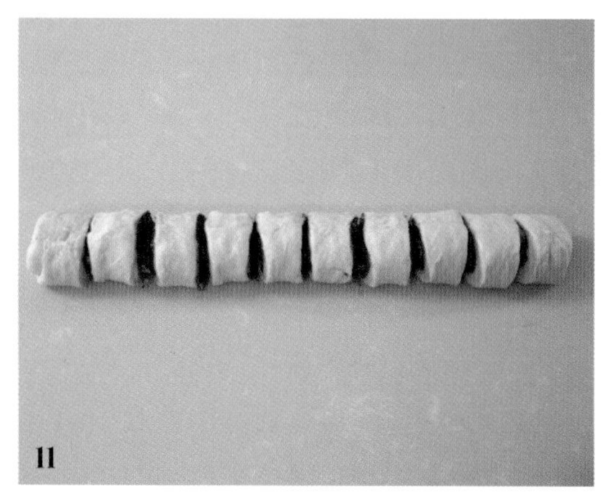
11

12

## STEP 5 성형

⑨ 작업대에 덧가루를 조금 뿌린 다음 반죽의 매끈한 면을 바닥에 놓고 손으로 가볍게 눌러 가스를 뺀 후 가로 45㎝, 세로 35㎝가 되도록 밀대로 밀어준다.

⑩ 반죽 끝 3㎝ 정도를 남기고 나머지에 녹인 버터를 골고루 펴 바른 뒤 시나몬 필링을 올린다.

⑪ 남겨둔 반죽 끝 3㎝에 물칠을 한 뒤 돌돌 말아 이음매 부분을 꼬집어 여며주고 5㎝ 간격으로 자른다.

## STEP 6 팬닝 & 2차 발효

⑫ 머핀 유산지 위에 ⑪을 올려놓고 반죽의 표면이 마르지 않도록 랩으로 덮어 부피가 2배가 될 때까지 2차 발효한다.

13

14

15

## STEP 7 굽기

⑬ 미리 만들어둔 달걀물을 붓에 묻혀 반죽의 매끈한 면에 바른 후 170~180℃로 예열된 오븐에 반죽을 넣고 12~15분 정도 굽는다.

⑭ 잘 익은 반죽을 오븐에서 꺼내자마자 팬을 20~30cm 높이로 들고 큰 소리가 날 정도로 내리쳐 쇼크를 준다. 그렇게 분리된 빵을 식힘망으로 옮겨 식힌다.

⑮ 슈거파우더와 우유를 섞어 아이싱을 만든 후 한 김 식은 빵에 올려 장식한다.

### 마미오븐 TIP

시나몬 필링을 만들 때 피칸 대신 취향에 따라 다른 견과류를 넣어도 좋아요. 견과류를 싫어한다면 생략 가능합니다. 넓게 밀어 펴는 반죽이나 진 반죽을 작업할 때는 작업대에 덧가루를 살짝 뿌리면 작업이 수월합니다. 단, 덧가루는 소량만 사용해야 반죽에 영향을 주지 않아요.

# 연유 브레드

마미오븐이 가장 아끼고 사랑하는 레시피인 연유 브레드! 달콤한 연유가 듬뿍 들어가 한 입 베어 물기만 해도 순식간에 기분이 좋아지죠. 아이뿐만 아니라 어른들도 좋아하는 연유 브레드 레시피, 함께 알아볼까요?

**난이도** ★★★☆☆

**분량** 은박 파운드 틀 소(15.5cm X 8.8cm X 4.5cm) 4개 분량

**적정 반죽 온도** 27~28℃

**오븐 온도** 170~180℃로 12~15분(컨벡션 오븐 기준)

**재료**
강력분 300g, 물 60g
인스턴트 드라이 이스트(고당용) 6g
우유 70g , 달걀 1개
연유(가당) 30g , 설탕 30g
소금 5g , 무염 버터 50g

**연유 버터**
연유(가당) 60g
녹인 버터 30g

**계절별 우유 사용 온도**

| 봄, 가을 | 여름 | 겨울 |
|---|---|---|
| 실온에 30분 정도 둔 것<br>(냉기가 빠진 정도) | 냉장 보관한 것 | 전자레인지에 20초간 돌린 것 |

**계절별 물 사용 온도**

| 봄, 가을 | 여름 | 겨울 |
|---|---|---|
| 차가운 수돗물 온도인 것 | 냉장 보관한 것 | 전자레인지에 15초간 돌린 것 |

**사전 준비**
① 재료 계량하기
② 도구 준비하기
③ 버터는 실온에 미리 꺼내두기
④ 달걀은 봄, 가을, 겨울에는 실온에 둔 것을, 여름에는 냉장 보관한 것을 사용하기
⑤ 반죽의 2차 발효가 50% 정도 진행된 후 190~195℃로 오븐 예열하기

1

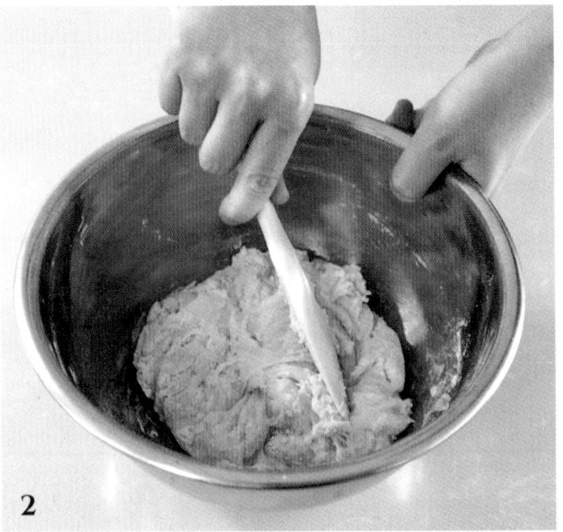

2

3

## RECIPE

### STEP 1 반죽하기

① 물에 계량한 이스트를 넣고 섞은 뒤 우유와 달걀, 연유, 설탕, 소금을 추가해 잘 젓는다.

② ①에 강력분을 넣고 날가루가 없어질 때까지 가볍게 섞는다.

③ ②를 랩으로 꼼꼼하게 감싼 후 실온에 15분간 그대로 둔다. 숙성된 반죽을 꺼내 마미오븐의 손반죽 법에 따라 열심히 반죽한다. (27p 참고)

## STEP 2 1차 발효하기

④ 볼에 반죽을 넣고 랩이나 젖은 면포를 덮어 반죽이 마르지 않도록 한다.

⑤ ④를 실온에 두고 반죽의 부피가 약 2~3배가 되도록 약 1시간 정도 1차 발효한다.

## STEP 3 분할 & 중간 발효

⑥ 1차 발효를 마친 반죽을 4개로 나눈 후 동글리기 한다.

⑦ ⑥에 랩이나 젖은 면포를 덮은 뒤 실온에서 약 15분간 중간 발효한다.

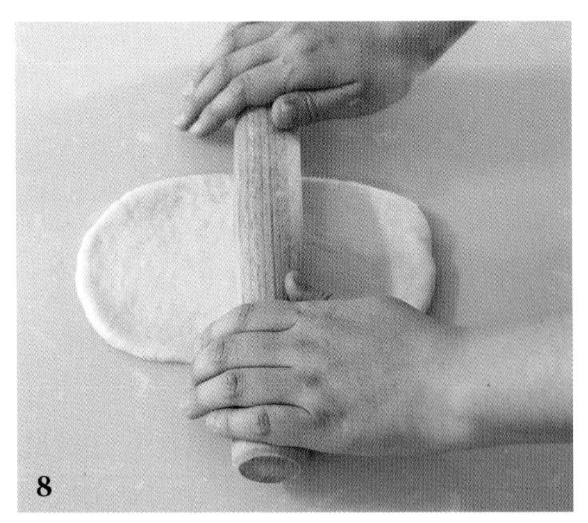
8

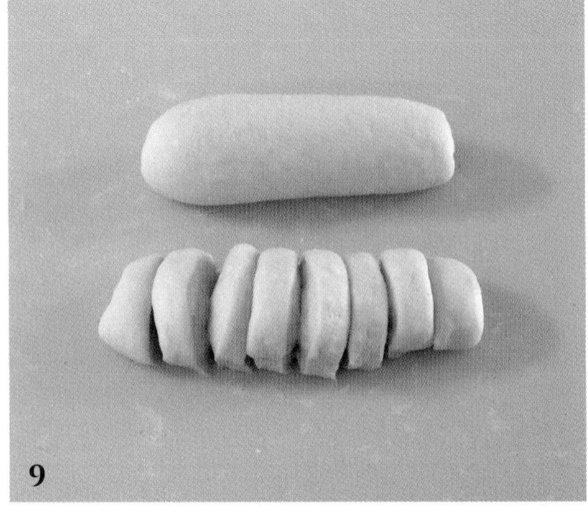
9

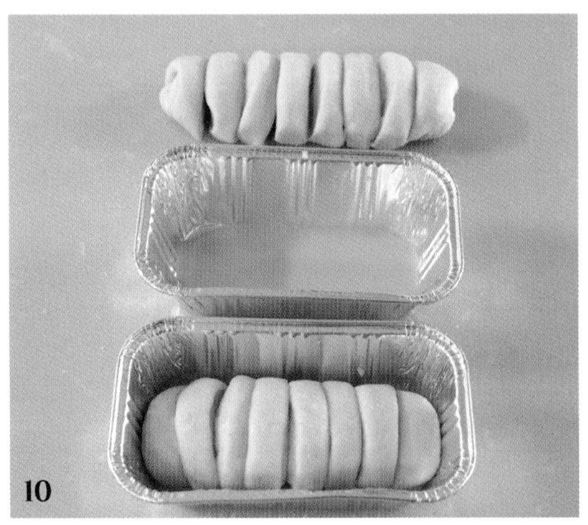
10

11

## STEP 4 성형

⑧ 반죽의 매끈한 면을 바닥에 놓고 손으로 가볍게 눌러 가스를 뺀 후 가로 14㎝, 세로 18㎝가 되도록 밀대로 밀어준다. 반죽의 가로 폭이 팬의 가로 폭을 넘지 않도록 주의한다.

⑨ 밀대로 충분히 민 반죽을 돌돌 말아준 뒤 이음매 부분을 꼬집어 여미고 완성된 반죽을 8조각으로 자른다.

## STEP 5 팬닝 & 2차 발효

⑩ 연유와 녹인 버터를 섞어 연유 버터를 만든 후 팬에 2스푼을 넣고 반죽의 이음매가 아래로 가도록 놓는다.

⑪ 반죽의 표면이 마르지 않도록 랩으로 덮고 부피가 2배로 늘어날 때까지 2차 발효한다.

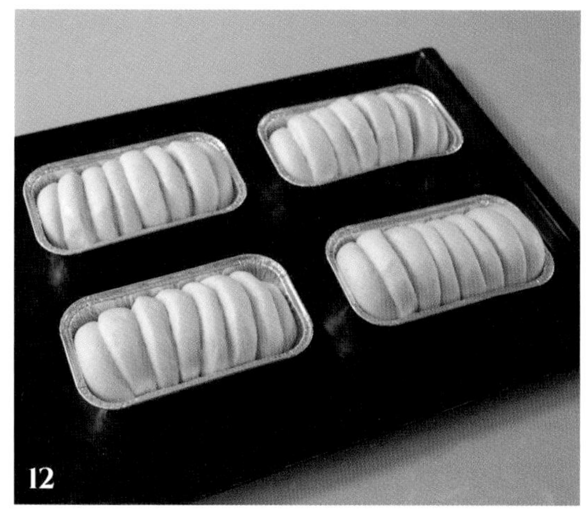

## STEP 6 굽기

⑫ 170~180℃로 예열된 오븐에 반죽을 넣고 12~15분 정도 굽는다.

⑬ 잘 익은 반죽을 오븐에서 꺼내자마자 팬을 20~30㎝ 높이로 들고 큰 소리가 날 정도로 내리쳐 쇼크를 준다.

⑭ 빵을 식힘망에 올리고 남은 연유 버터를 윗면에 골고루 바른다.

### 마미오븐 TIP

연유 버터를 팬에 너무 많이 담으면 밖으로 흘러넘칠 수 있고, 빵이 축축해져요. 연유 버터는 적당량만 넣어주세요.

# 단팥빵

달짝지근한 팥앙금을 가득 넣어 만든 단팥빵은 오랜 세월 우리 곁을 지켜온 대표적인 간식빵이죠. 소박하지만 계속 생각나는 달콤한 풍미로 남녀노소 모두에게 사랑받아요. 그 옛날 동네 빵집에서 맛보았던 단팥빵을 지금 바로 재현해봅시다.

**난이도** ★★★★☆

**분량** 단팥빵 8개 분량

**적정 반죽 온도** 27~28℃

**오븐 온도** 170~180℃로 10~12분(컨벡션 오븐 기준)

**재료**
강력분 300g
우유 145g
인스턴트 드라이 이스트(고당용) 6g
달걀 1개
설탕 42g
소금 6g
무염 버터 50g
시판용 팥앙금 400g
달걀물(노른자 1 : 물1) 적당량
검은 통깨 약간

**계절별 우유 사용 온도**

| 봄, 가을 | 여름 | 겨울 |
|---|---|---|
| 실온에 30분 정도 둔 것<br>(냉기가 빠진 정도) | 냉장 보관한 것 | 전자레인지에 20초간 돌린 것 |

**사전 준비**
① 재료 계량하기
② 도구 준비하기
③ 버터는 실온에 미리 꺼내두기
④ 달걀은 봄, 가을, 겨울에는 실온에 둔 것을, 여름에는 냉장 보관한 것을 사용하기
⑤ 차가운 상태의 팥앙금을 8등분으로 분할해 동글리기
⑥ 노른자와 물을 1:1 비율로 섞어 달걀물 만들기
⑦ 반죽의 2차 발효가 50% 정도 진행된 후 190~195℃로 오븐 예열하기

1

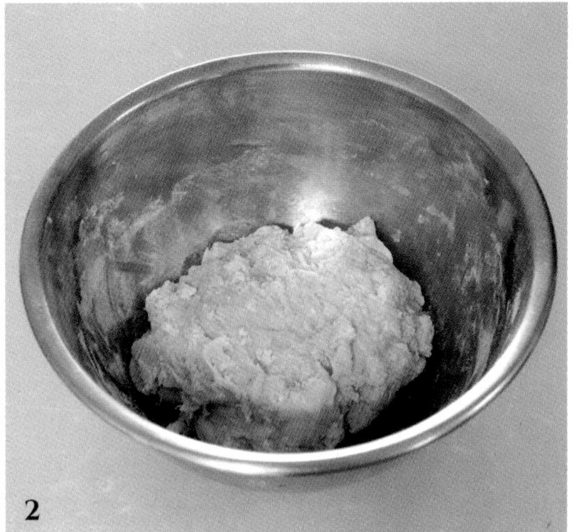
2

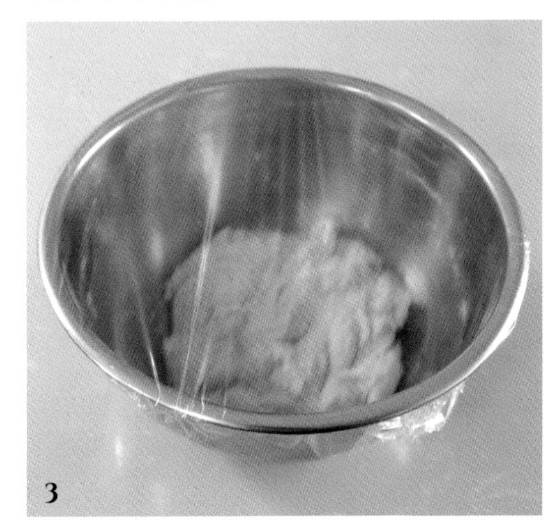
3

# RECIPE

## STEP 1 반죽하기

① 우유에 계량한 이스트를 넣고 섞은 뒤 달걀과 설탕, 소금을 추가하고 잘 젓는다.

② ①에 강력분을 넣고 날가루가 없어질 때까지 가볍게 섞는다.

③ ②를 랩으로 꼼꼼하게 감싼 후 실온에 15분간 그대로 둔다. 숙성된 반죽을 꺼내 마미오븐의 손반죽 법에 따라 열심히 반죽한다. (27p 참고)

## STEP 2 1차 발효하기

④ 볼에 빈죽을 넣고 랩이나 젖은 면포를 덮어 반죽이 마르지 않도록 한다.

⑤ ④를 실온에 두고 반죽의 부피가 약 2~3배가 되도록 약 1시간 정도 1차 발효한다.

## STEP 3 분할 & 중간 발효

⑥ 1차 발효를 마친 반죽을 8개로 나눈 후 동글리기 한다.

⑦ ⑥에 랩이나 젖은 면포를 덮은 뒤 실온에서 약 15분간 중간 발효한다.

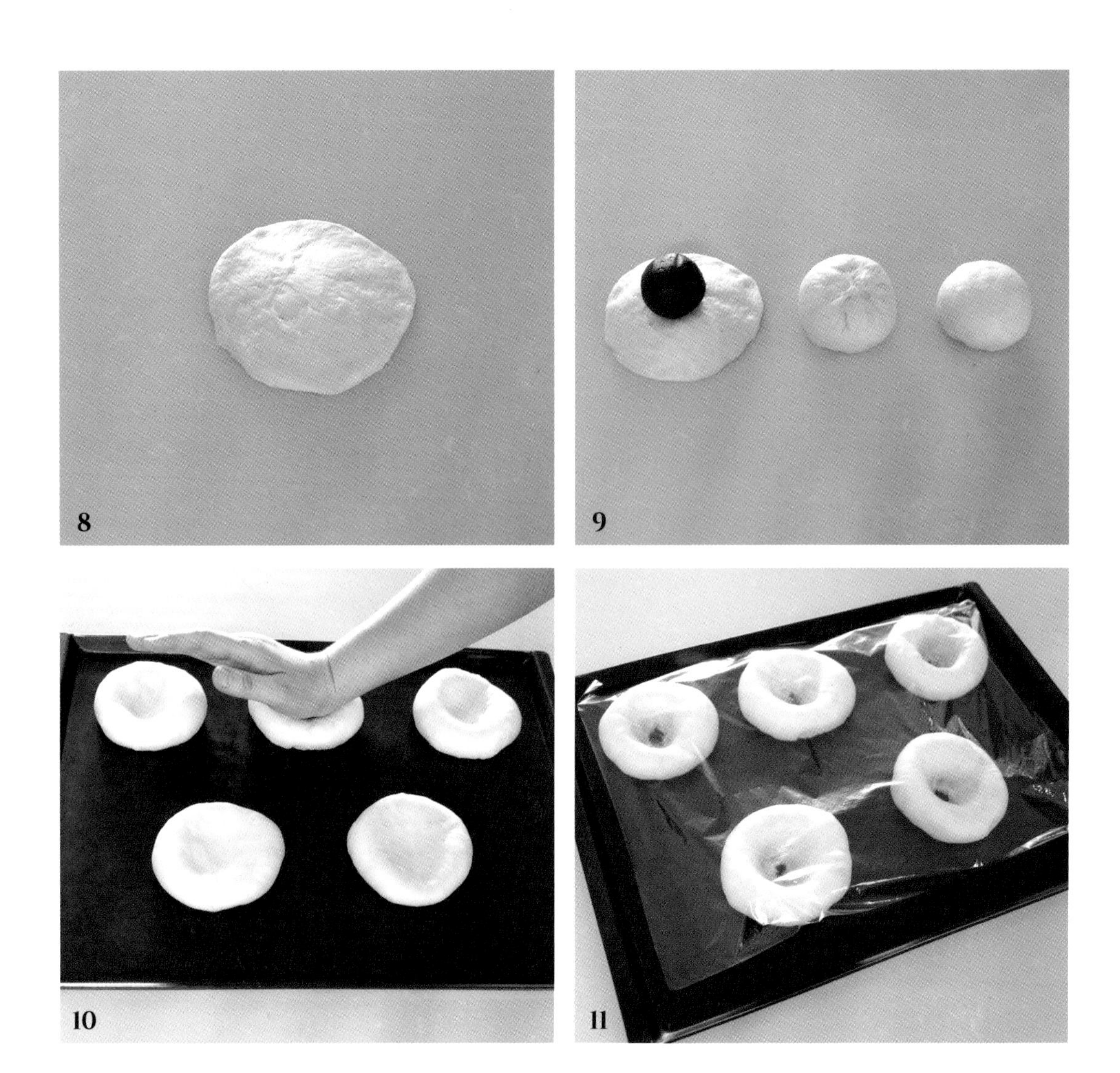
8
9
10
11

## STEP 4 성형

⑧ 반죽의 매끈한 면을 바닥에 놓고 밀대로 동그랗게 밀어 편다. 가장자리의 두께가 중앙보다 얇아야 한다.

⑨ 팥앙금을 반죽에 넣고 이음매 부분을 꼬집어 여며준다.

## STEP 5 팬닝 & 2차 발효

⑩ 반죽을 팬에 놓고 손바닥으로 가볍게 누른 후 10분간 휴지한다.

⑪ 밀가루를 묻힌 계량스푼을 ⑩의 중앙에 두고 바닥에 닿아 구멍이 날 때까지 꾹 누른 후 랩으로 덮고 부피가 2배가 될 때까지 2차 발효한다.

## STEP 6 굽기

⑫ 미리 만들어둔 달걀물을 붓에 묻혀 반죽 겉면에 바르고 통깨를 살짝 뿌려 장식한 후 170~180℃로 예열된 오븐에 반죽을 넣고 10~12분 정도 굽는다.

⑬ 잘 익은 반죽을 오븐에서 꺼내자마자 팬을 20~30㎝ 높이로 들고 큰 소리가 날 정도로 내리쳐 쇼크를 준다.

⑭ 분리된 빵을 식힘망에 올린 뒤 붓을 활용해 녹인 버터를 윗면에 골고루 바른다.

### 마미오븐 TIP

깔끔하게 팥앙금만 사용해 만드는 것도 좋지만, 취향에 따라 각종 견과류를 더해 만들어보는 것도 좋습니다. 아이들 영양에도 훨씬 좋으니 한번 도전해 보세요!

# 모카번

멀리 있어도 알아챌 수 있을 만큼 맛있는 냄새를 지닌 모카번은 마미오븐 최고 인기 메뉴 중 하나랍니다. 한 번 맛보면 절대 잊을 수 없는, 세상에서 제일 맛있는 모카번을 함께 만들어봅시다!

**난이도** ★★★★☆

**분량** 모카번 10개 분량

**적정 반죽 온도** 27~28℃

**오븐 온도** 170~180℃로 10~12분(컨벡션 오븐 기준)

**재료**
강력분 350g, 물 110g, 소금 7g
인스턴트 드라이 이스트(고당용) 7g
우유 100g, 설탕 35g
무염 버터 20g

**충전용 재료** 가염 버터 50g

**모카 토핑 재료**
중력분 105g, 달걀 $1\frac{1}{2}$개
무염 버터 90g, 설탕 90g
커피액(인스턴트커피 5개 + 따뜻한 물 3티스푼)

**계절별 우유 사용 온도**

| 봄, 가을 | 여름 | 겨울 |
| --- | --- | --- |
| 실온에 30분 정도 둔 것<br>(냉기가 빠진 정도) | 냉장 보관한 것 | 전자레인지에 20초간 돌린 것 |

**계절별 물 사용 온도**

| 봄, 가을 | 여름 | 겨울 |
| --- | --- | --- |
| 차가운 수돗물 온도인 것 | 냉장 보관한 것 | 전자레인지에 15초간 돌린 것 |

**사전 준비**
① 재료 계량하기
② 도구 준비하기
③ 버터는 실온에 미리 꺼내두기
④ 달걀은 봄, 가을, 겨울에는 실온에 둔 것을, 여름에는 냉장 보관한 것을 사용하기
⑤ 인스턴트커피와 따뜻한 물을 섞어 커피액 만들기
⑥ 중간 발효가 시작될 때 충전용 버터를 실온에 꺼낸 뒤 5g씩 잘라두기
⑦ 반죽의 2차 발효가 50% 정도 진행된 후 190~195℃로 오븐 예열하기

1

2

3

## RECIPE

### STEP 1 반죽하기

① 물에 계량한 이스트를 넣고 섞은 뒤 우유와 설탕, 소금을 추가해 잘 젓는다.

② ①에 강력분을 넣고 날가루가 없어질 때까지 가볍게 섞는다.

③ ②를 랩으로 꼼꼼하게 감싼 후 실온에 15분간 그대로 둔다. 숙성된 반죽을 꺼내 마미오븐의 손반죽 법에 따라 열심히 반죽한다. (27p 참고)

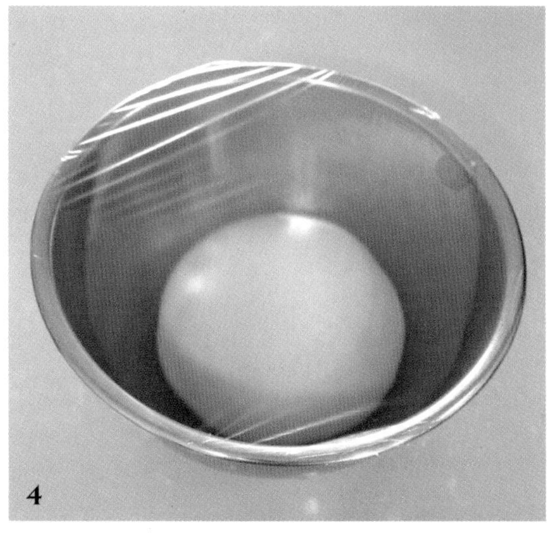
4

5

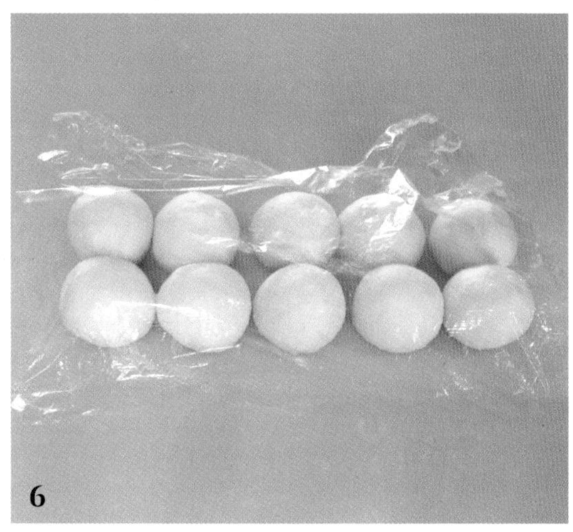
6

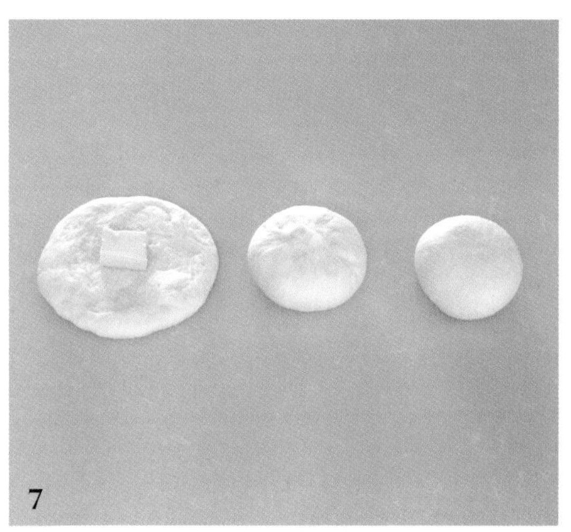
7

## STEP 2 1차 발효하기

④ 볼에 반죽을 넣고 랩이나 젖은 면포를 덮어 반죽이 마르지 않도록 한다.

⑤ ④를 실온에 두고 반죽의 부피가 약 2~3배가 되도록 약 1시간 정도 1차 발효한다.

## STEP 3 분할 & 중간 발효

⑥ 1차 발효를 마친 반죽을 10개로 나눈 후 동글리기 하고 랩이나 젖은 면포를 덮어 실온에서 약 15분간 중간 발효한다.

## STEP 4 성형

⑦ 반죽의 매끈한 면을 바닥에 놓고 손바닥으로 눌러 평평하게 만든 뒤 충전용 가염 버터를 넣어 이음매 부분을 꼬집어 단단히 여며준다. 반죽의 표면이 매끈해지도록 동글리기 한다.

## STEP 5 팬닝 & 2차 발효

⑧ 일정한 간격으로 띄워 팬에 반죽을 놓는다. 매끈한 면이 위로 가도록 한다.

⑨ 반죽의 표면이 마르지 않도록 랩으로 덮고 부피가 2배가 될 때까지 2차 발효한다.

## STEP 6 모카 토핑 만들기

⑩ 실온에 두어 부드러워진 버터를 가볍게 풀어준 후 설탕을 넣고 잘 섞는다.

⑪ ⑩에 달걀을 3번에 나누어 넣고 마지막으로 커피액까지 추가해 잘 젓는다.

12

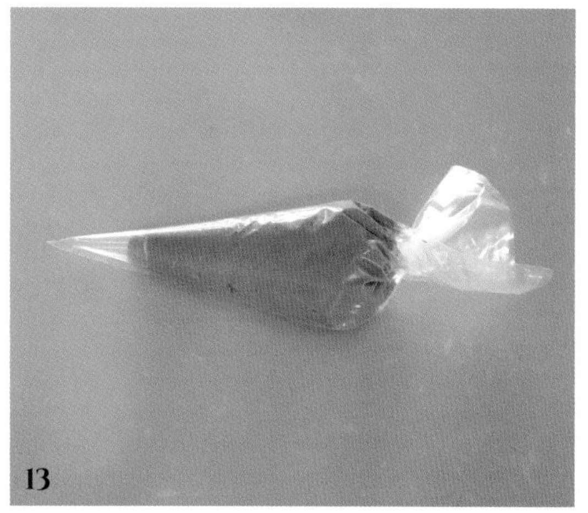
13

14

15

⑫ 중력분을 체로 곱게 쳐서 내린 뒤 ⑪에 더해 주걱을 세워 가르듯 섞어준다.

⑬ 완성된 토핑을 짤주머니에 넣는다.

## STEP 7 굽기

⑭ 2차 발효를 마친 반죽에 모카 토핑을 추가하고 170~180℃로 예열된 오븐에 넣어 10~12분 정도 굽는다.

⑮ 잘 익은 반죽을 오븐에서 꺼내자마자 팬을 20~30㎝ 높이로 들고 큰 소리가 날 정도로 내리쳐 쇼크를 준다. 그렇게 분리된 빵을 식힘망에 올려 한 김 식힌다.

### 마미오븐 TIP

가염 버터가 없으면 무염 버터에 소금을 살짝 넣어 대체해도 좋습니다. 커피액을 만들 때 에스프레소를 사용하면 물 함량이 많아 토핑이 분리될 수 있으니 반드시 인스턴트커피를 사용해 주세요.

# 아몬드 크림빵

갑자기 달콤한 무언가가 확 당길 때 아몬드 크림빵을 먹어보세요. 고소한 아몬드 크림이 입안에 퍼지면 절로 미소가 지어진답니다. 언제 먹어도 맛있는 아몬드 크림빵을 집에서도 만들 수 있도록 마미오븐이 나섭니다!

**난이도** ★★★★★

**분량** 은박 파운드 틀 소(15.5cm X 8.8cm X 4.5cm) 6개 분량

**적정 반죽 온도** 27~28℃

**오븐 온도** 170~180℃로 12~14분(컨벡션 오븐 기준)

**재료** 강력분 350g, 우유 170g
인스턴트 드라이 이스트(고당용) 7g
달걀 1개, 설탕 70g
소금 7g, 무염 버터 70g
건크랜베리 50g

**아몬드 크림 재료** 아몬드 가루 120g
설탕 120g
달걀 2개
무염 버터 120g

**계절별 우유 사용 온도**

| 봄, 가을 | 여름 | 겨울 |
|---|---|---|
| 실온에 30분 정도 둔 것<br>(냉기가 빠진 정도) | 냉장 보관한 것 | 전자레인지에 20초간 돌린 것 |

**사전 준비**

① 재료 계량하기
② 도구 준비하기
③ 버터는 실온에 미리 꺼내두기
④ 달걀은 봄, 가을, 겨울에는 실온에 둔 것을, 여름에는 냉장 보관한 것을 사용하기
⑤ 아몬드 가루는 체로 곱게 거르기
⑥ 건크랜베리는 10분간 물에 불린 후 물기 제거하기
⑦ 반죽의 2차 발효가 50% 정도 진행된 후 190~195℃로 오븐 예열하기

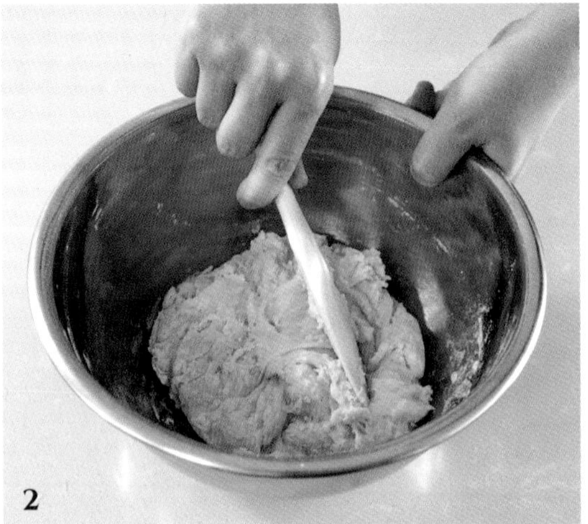

## RECIPE

### STEP 1 반죽하기

① 우유에 계량한 이스트를 넣고 섞은 뒤 달걀과 설탕, 소금을 추가해 잘 젓는다.

② ①에 강력분을 넣고 날가루가 없어질 때까지 가볍게 섞는다.

③ ②를 랩으로 꼼꼼하게 감싼 후 실온에 15분간 그대로 둔다. 숙성된 반죽을 꺼내 마미오븐의 손반죽 법에 따라 열심히 반죽한다. (27p 참고)

## STEP 2 1차 발효하기

④ 볼에 반죽을 넣고 랩이나 젖은 면포를 덮어 반죽이 마르지 않도록 한다.

⑤ ④를 실온에 두고 반죽의 부피가 약 2~3배가 되도록 약 1시간 정도 1차 발효한다.

## STEP 3 아몬드 크림 만들기

⑥ 실온에서 부드러워진 버터를 가볍게 풀어준 뒤 설탕을 넣고 섞는다.

⑦ ⑥에 달걀을 3번에 나눠 넣어 고루 저어주고 미리 곱게 체로 거른 아몬드 가루를 더해 주걱을 세워 가르듯 섞어준다. 완성된 아몬드 크림에 랩을 씌우고 냉장고에 30분 이상 넣어둔다.

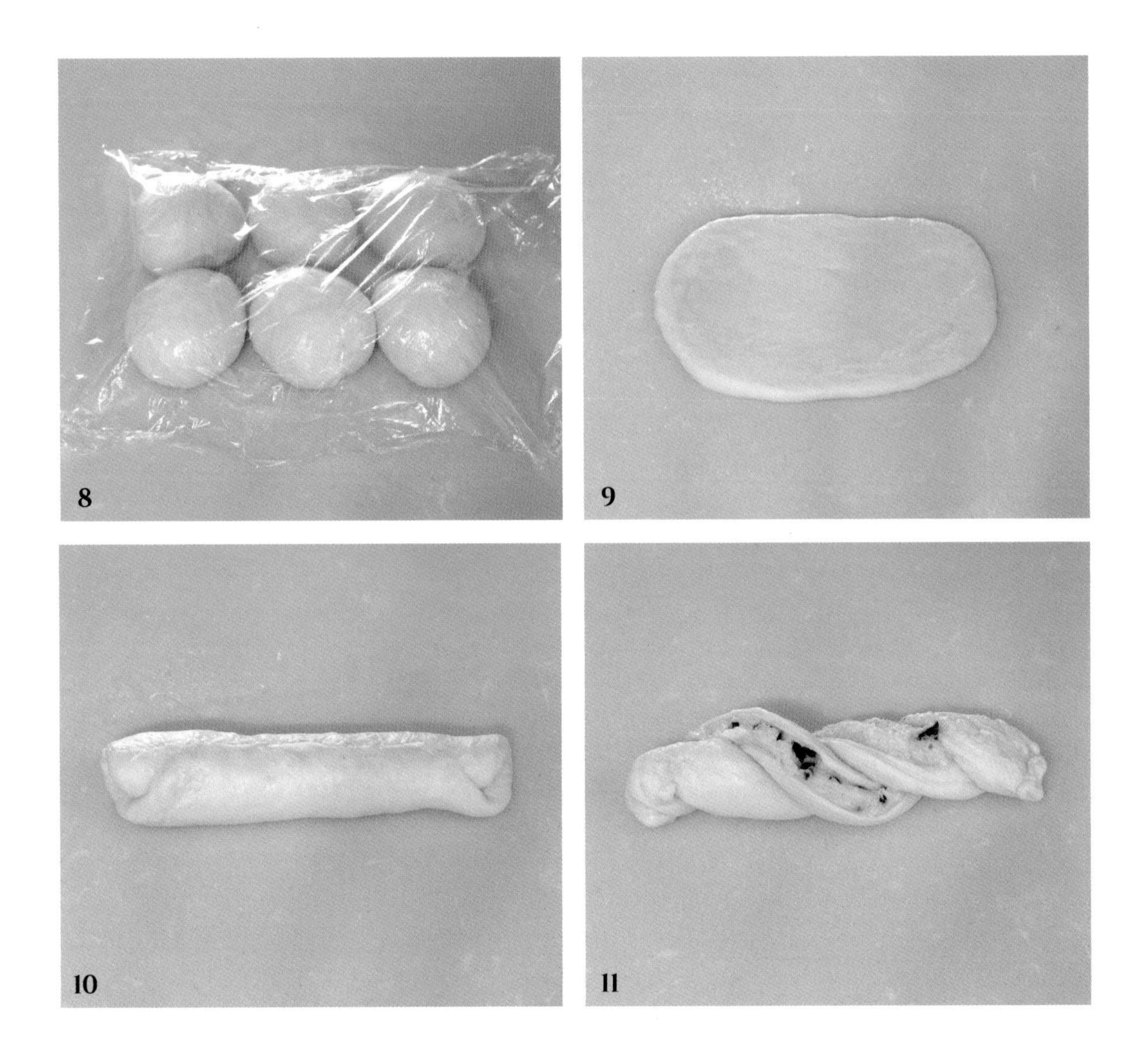


## STEP 4 분할 & 중간 발효

⑧ 1차 발효를 마친 반죽을 8개로 나눈 후 동글리기 하고 볼에 담아 랩이나 젖은 면포를 덮어 실온에서 약 15분간 중간 발효한다.

## STEP 5 성형

⑨ 반죽의 매끈한 면을 바닥에 놓고 가볍게 눌러 가스를 뺀 후 가로 10㎝, 세로 15㎝가 되도록 밀대로 밀어준다.

⑩ 반죽에 아몬드 크림을 $\frac{1}{3}$만 넣고 고루 펴 바른 후 건크랜베리를 더해 돌돌 말아 이음매 부분을 꼬집어 여며준다.

⑪ 가장자리를 조금 남겨두고 중앙을 잘라준 후 꽈배기 모양으로 꼬아준다.

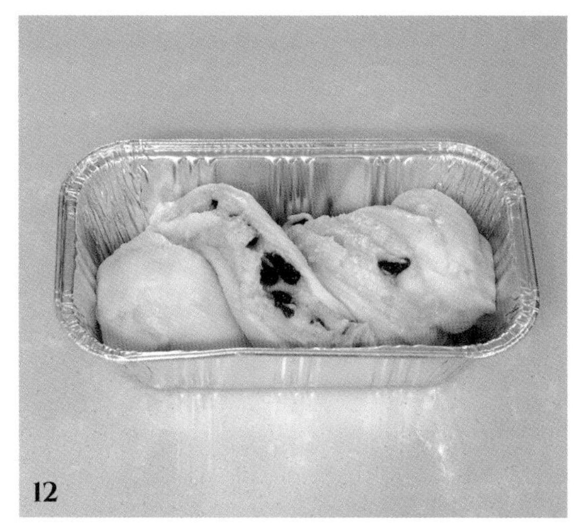


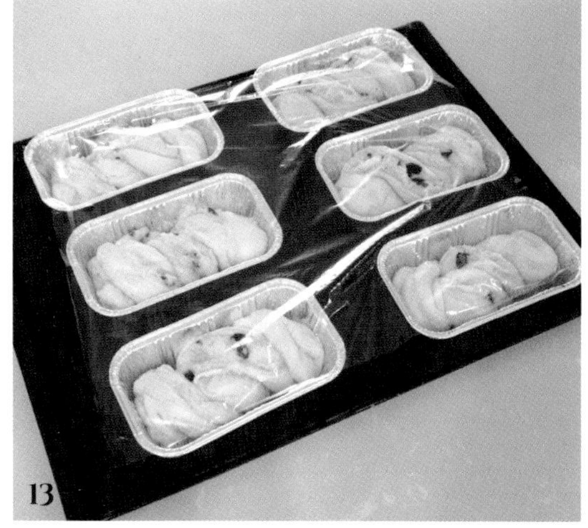

## STEP 6 팬닝 & 2차 발효

⑫ 꽈배기 모양이 흐트러지지 않게 틀에 잘 놓아준다.

⑬ 반죽의 표면이 마르지 않도록 랩으로 덮고 부피가 2배가 될 때까지 2차 발효한다.

### 마미오븐 TIP

아몬드 크림은 냉장을 길게 하면 할수록 작업성이 더욱더 좋아져요. 되도록 미리 만드는 것을 추천합니다.

## STEP 7 굽기

⑭ 170~180℃로 예열된 오븐에 반죽을 넣고 10~12분 정도 굽는다.

⑮ 잘 익은 반죽은 오븐에서 꺼내자마자 팬을 20~30㎝ 높이로 들고 큰 소리가 날 정도로 내리쳐 쇼크를 준다. 그렇게 분리된 빵을 식힘망에 올려 식힌다.

STAINLESS STEEL
MADE IN JAPAN

# 육쪽 마늘빵

SNS에서 크게 인기를 끌었던 명물 육쪽 마늘빵을 집에서 즐겨보세요. 쫀득하고 담백한 빵에 짭짜름하고 달콤한 크림치즈와 마늘 소스가 더해지면 온 가족이 사랑하는 간식빵이 완성됩니다!

**난이도** ★★★★★

**분량** 육쪽 마늘빵 8개 분량

**적정 반죽 온도** 27~28℃

**오븐 온도** 반죽 170~180℃로 8~12분, 마늘빵 170~180℃로 10~15분(컨벡션 오븐 기준)

**재료** 강력분 350g, 물 100g , 무염 버터 25g
인스턴트 드라이 이스트(저당용) 7g
우유 110g, 설탕 30g, 소금 7g

**필링 재료** 크림치즈 300g
설탕 45g
레몬즙 $\frac{1}{2}$큰술

**마늘 소스 재료** 설탕 180g
달걀 1개
녹인 버터 120g
다진 마늘 80g
우유 30g
마요네즈 1큰술
파슬리가루 1큰술

**계절별 우유 사용 온도**

| 봄, 가을 | 여름 | 겨울 |
|---|---|---|
| 실온에 30분 정도 둔 것<br>(냉기가 빠진 정도) | 냉장 보관한 것 | 전자레인지에 20초간 돌린 것 |

**계절별 물 사용 온도**

| 봄, 가을 | 여름 | 겨울 |
|---|---|---|
| 차가운 수돗물 온도인 것 | 냉장 보관한 것 | 전자레인지에 15초간 돌린 것 |

**사전 준비**
① 재료 계량하기
② 도구 준비하기
③ 버터는 실온에 미리 꺼내두기
④ 달걀은 봄, 가을, 겨울에는 실온에 둔 것을, 여름에는 냉장 보관한 것을 사용하기
⑤ 크림치즈는 2차 발효 시작 후 실온에 미리 꺼내두기
⑥ 반죽의 2차 발효가 50% 정도 진행된 후 190~195℃로 오븐 예열하기

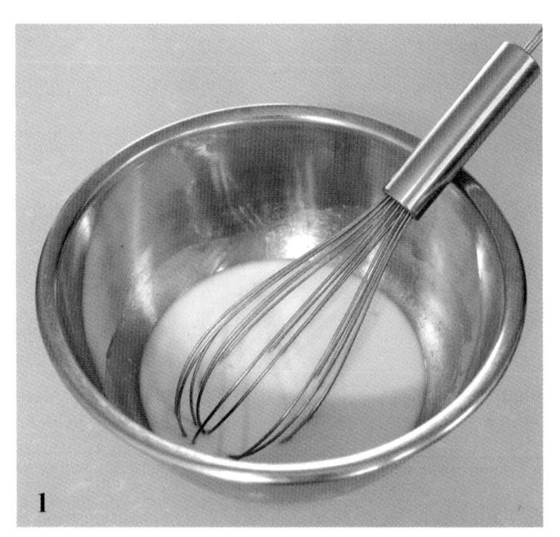

## RECIPE

### STEP 1 반죽하기

① 물에 계량한 이스트를 넣고 섞은 뒤 우유와 설탕, 소금을 추가해 잘 젓는다.

② ①에 강력분을 넣고 날가루가 없어질 때까지 가볍게 섞는다.

③ ②를 랩으로 꼼꼼하게 감싼 후 실온에 15분간 그대로 둔다. 숙성된 반죽을 꺼내 마미오븐의 손반죽 법에 따라 열심히 반죽한다. (27p 참고)

## STEP 2 1차 발효하기

④ 볼에 반죽을 넣고 랩이나 젖은 면포를 덮어 반죽이 마르지 않도록 한다.

⑤ ④를 실온에 두고 반죽의 부피가 약 2~3배가 되도록 약 1시간 정도 1차 발효한다.

## STEP 3 분할 & 중간 발효

⑥ 1차 발효를 마친 반죽을 8개로 나눈 후 둥글리기 한다.

⑦ ⑥에 랩이나 젖은 면포를 덮은 뒤 실온에서 약 15분간 중간 발효한다.

8 9 10 11

## STEP 4 성형

⑧ 충분히 발효된 반죽을 가볍게 눌러 가스를 뺀 뒤 아랫부분을 꼼꼼히 여미고 다시 동글리기 한다.

## STEP 5 팬닝 & 2차 발효

⑨ 반죽의 매끈한 면이 위로 가도록 한 후 일정 간격으로 띄워 팬에 놓는다. 랩으로 덮고 부피가 2배로 늘어날 때까지 2차 발효한다.

## STEP 6 굽기

⑩ 170~180℃로 예열된 오븐에 반죽을 넣고 8~12분 정도 굽는다.

⑪ 잘 익은 반죽을 오븐에서 꺼내자마자 팬을 20~30㎝ 높이로 들고 큰 소리가 날 정도로 내리쳐 쇼크를 준다. 빵을 식힘망에 올려 식힌다.

## STEP 7 마늘빵 굽기

⑫ 볼에 마늘소스 재료를 모두 넣고 섞은 후 중탕한다.

⑬ 빵이 식으면 6등분으로 칼집을 넣은 후 실온에 둔 크림치즈와 설탕, 레몬즙을 섞어 만든 크림치즈 필링을 빵에 채워준다.

⑭ ⑬을 마늘소스에 듬뿍 적신다. 남은 크림치즈는 빵 윗부분에 올려 장식한다.

⑮ 170~180℃로 예열된 오븐에 빵을 넣고 10~15분 정도 추가로 굽는다.

### 마미오븐 TIP

빵을 굽고 식히는 동안 크림치즈와 마늘 소스는 미리 만들어두세요. 크림치즈가 너무 많이 올라가는 게 싫다면 크림치즈를 올리는 과정은 생략해도 좋습니다.

# 소보로빵

보슬보슬 부드러운 식감으로 오랜 시간 사람들에게 사랑받은 소보로빵. 간식빵의 기본이라고 할 수 있는 소보로빵을 마미오븐만의 레시피로 만들어보세요.

**난이도** ★★★★☆

**분량** 소보로빵 8개 분량

**적정 반죽 온도** 27~28℃

**오븐 온도** 170~180℃로 10~12분(컨벡션 오븐 기준)

**재료**
- 강력분 300g
- 우유 145g
- 인스턴트 드라이 이스트(고당용) 6g
- 달걀 1개
- 설탕 42g
- 소금 6g
- 무염 버터 50g

**소보로 토핑 재료**
- 중력분 100g
- 버터 50g
- 땅콩버터 15g
- 설탕 60g
- 물엿 10g
- 소금 1g
- 달걀 10g
- 베이킹파우더 2g

**계절별 우유 사용 온도**

| 봄, 가을 | 여름 | 겨울 |
|---|---|---|
| 실온에 30분 정도 둔 것<br>(냉기가 빠진 정도) | 냉장 보관한 것 | 전자레인지에 20초간 돌린 것 |

**사전 준비**

① 재료 계량하기
② 도구 준비하기
③ 버터는 실온에 미리 꺼내두기
④ 달걀은 봄, 가을, 겨울에는 실온에 둔 것을, 여름에는 냉장 보관한 것을 사용하기
⑤ 소보로 토핑 재료 모두 실온에 꺼내두기
⑥ 토핑용 중력분과 베이킹파우더를 체 쳐두기
⑦ 반죽의 2차 발효가 50% 정도 진행된 후 190~195℃로 오븐 예열하기

1

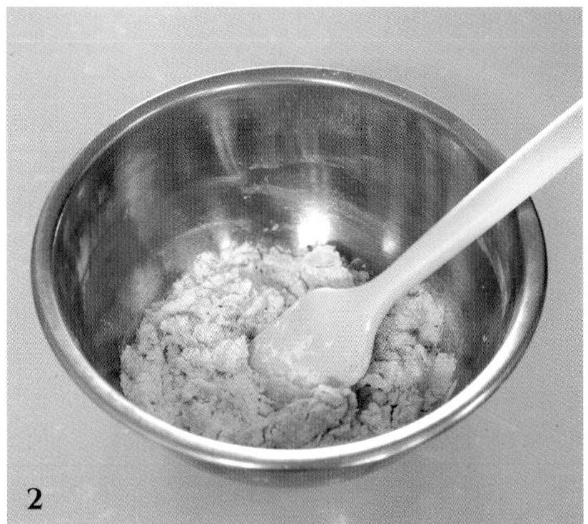
2

3

## RECIPE

### STEP 1 소보로 토핑 만들기

① 버터와 땅콩버터, 설탕, 소금, 물엿을 합쳐 1~2분 정도 골고루 섞어 크림 상태로 만든 뒤 달걀을 더해 1~2분 마저 믹싱한다.

② 체 친 중력분과 베이킹파우더를 ①에 넣고 날가루가 보이게 대충 섞은 후 랩을 씌워 냉장고에 넣어 1시간 이상 휴지한다.

③ 휴지가 끝난 반죽을 꺼내 손으로 가볍게 비벼 보슬보슬한 상태로 만든다.

4
5
6
7

## STEP 2 반죽하기

④ 우유에 계량한 이스트를 넣고 섞은 뒤 달걀과 설탕, 소금을 추가하고 마지막으로 강력분을 더해 날가루가 없어질 때까지 가볍게 섞는다.

⑤ ④를 랩으로 꼼꼼하게 감싼 후 실온에 15분 동안 그대로 둔다. 숙성된 반죽을 꺼낸 뒤 마미오븐의 손반죽 법에 따라 열심히 반죽한다. (27p 참고)

## STEP 3 1차 발효하기

⑥ 볼에 반죽을 넣고 랩이나 젖은 면포를 덮어 반죽이 마르지 않도록 한다.

⑦ ⑥을 실온에 두고 반죽의 부피가 약 2~3배가 되도록 약 1시간 정도 1차 발효한다.

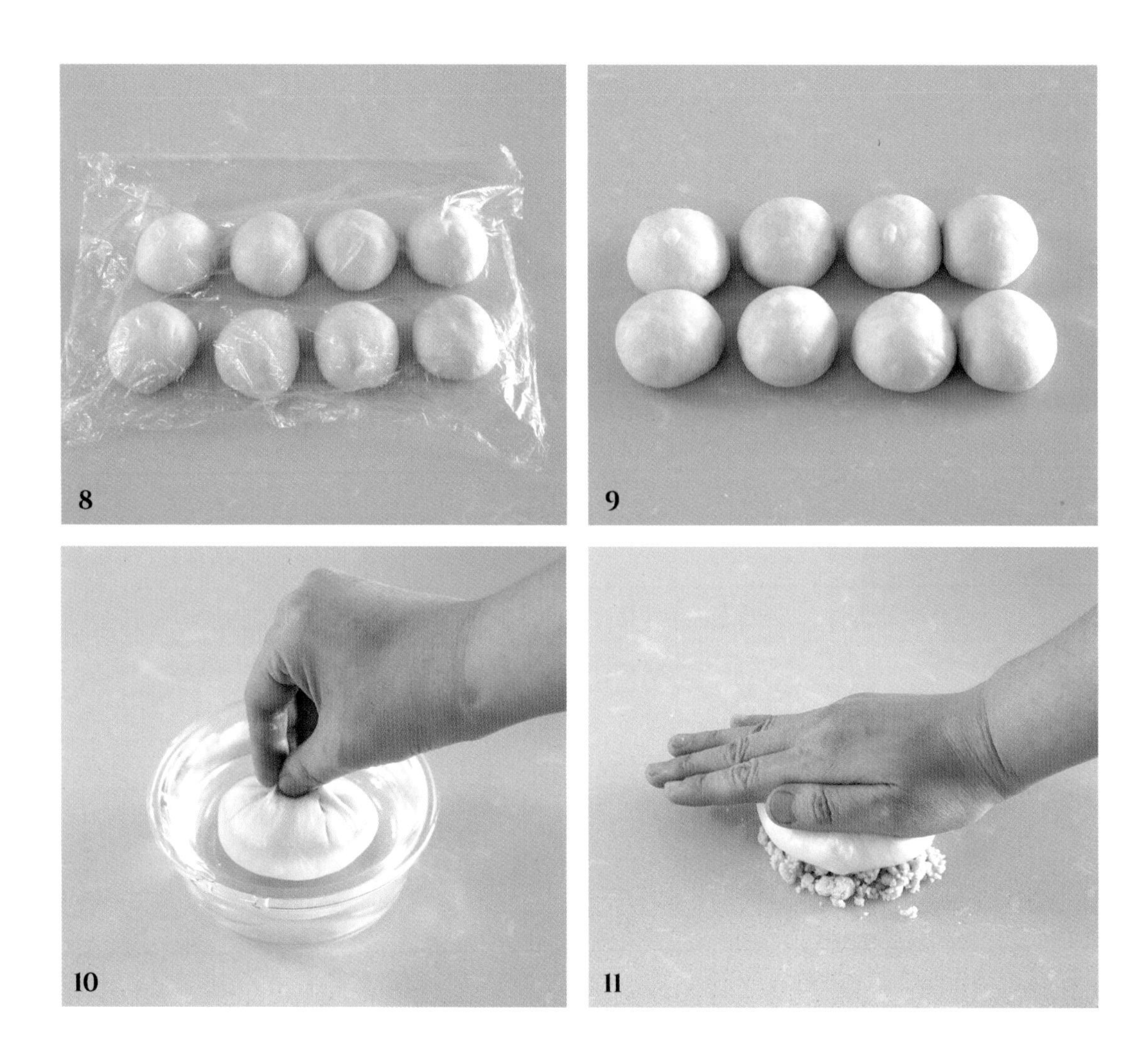

## STEP 4 분할 & 중간 발효

⑧ 1차 발효를 마친 반죽을 8개로 나눈 후 동글리기 하고 랩이나 젖은 면포를 덮어 실온에서 약 15분간 중간 발효한다.

## STEP 5 성형

⑨ 충분히 발효된 반죽을 가볍게 눌러 가스를 빼준 후 다시 동글리기 한다.

⑩ 반죽의 이음매 부분을 잡고 $\frac{2}{3}$ 이상 물을 묻힌다.

⑪ 소보로 위에 반죽을 올리고 손으로 눌러 겉면에 소보로를 묻힌다.

12

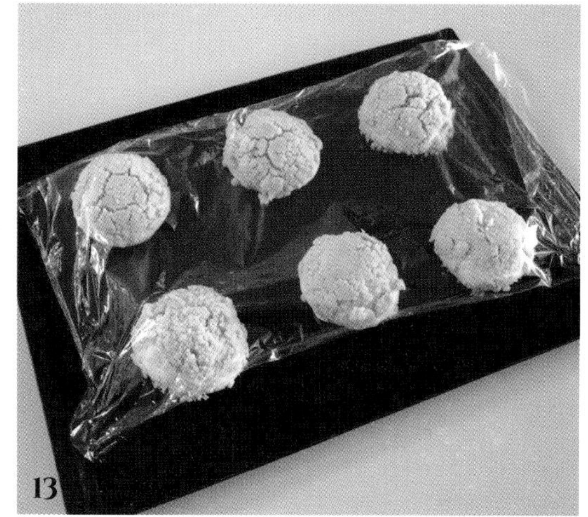

13

14

15

## STEP 6 팬닝 & 2차 발효

⑫ 팬에 반죽을 일정한 간격으로 띄워 놓는다. 매끈한 면이 위로 가도록 한다.

⑬ 반죽의 표면이 마르지 않도록 랩으로 덮고 부피가 2배가 될 때까지 2차 발효한다.

### 마미오븐 TIP

반죽에 소보로를 묻히기 전 소보로를 반드시 8등분하여 나눠주세요. 그렇게 해야 소보로의 양이 모자라지 않고 모든 반죽에 일정하게 소보로를 묻힐 수 있어요.

## STEP 7 굽기

⑭ 170~180℃로 예열된 오븐에 반죽을 넣고 10~12분 정도 굽는다.

⑮ 잘 익은 반죽을 오븐에서 꺼내지마자 팬을 20~30㎝ 높이로 들고 큰 소리가 날 정도로 내리쳐 쇼크를 준다. 그렇게 분리된 빵을 식힘망에 올린 뒤 식힌다.

# 야채롤

아이들의 건강을 먼저 생각하는 부모의 마음을 담아 건강한 간식을 준비했습니다. 각종 채소가 가득 들어가 맛과 영양을 한 번에 사로잡은 야채롤, 마미오븐과 함께 만들어요!

**난이도** ★★★★☆

**분량** 야채롤 9개 분량

**적정 반죽 온도** 27~28℃

**오븐 온도** 170~180℃로 12~15분(컨벡션 오븐 기준)

**재료**
강력분 350g, 우유 160g
인스턴트 드라이 이스트(고당용) 7g
달걀 1개, 설탕 60g, 마요네즈 50g
소금 7, 무염 버터 50g
달걀물(노른자 1: 물1) 적당량

**충전용 재료**
햄 100g
양파(중) 1개
파프리카 $\frac{1}{2}$개
피망 $\frac{1}{2}$개
옥수수 통조림 $\frac{1}{2}$컵
마요네즈 2큰술
소금 약간, 후추 약간

**장식용 재료**
마요네즈 약간
케첩 약간, 파슬리 가루 약간

**계절별 우유 사용 온도**

| 봄, 가을 | 여름 | 겨울 |
|---|---|---|
| 실온에 30분 정도 둔 것<br>(냉기가 빠진 정도) | 냉장 보관한 것 | 전자레인지에 20초간 돌린 것 |

**사전 준비**
① 재료 계량하기
② 도구 준비하기
③ 버터는 실온에 미리 꺼내두기
④ 달걀은 봄, 가을, 겨울에는 실온에 둔 것을, 여름에는 냉장 보관한 것을 사용하기
⑤ 중간 발효 시 충전물 미리 섞어두기
⑥ 머핀 유산지에 기름칠하기
⑦ 노른자와 물을 1:1 비율로 섞어 달걀물 만들기
⑧ 반죽의 2차 발효가 50% 정도 진행된 후 190~195℃로 오븐 예열하기

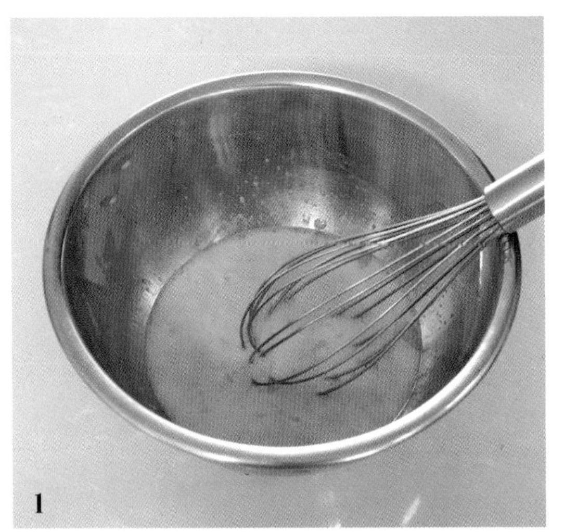

1

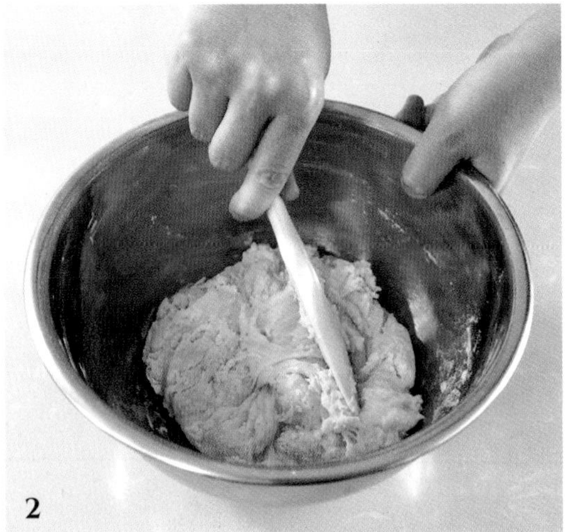

2

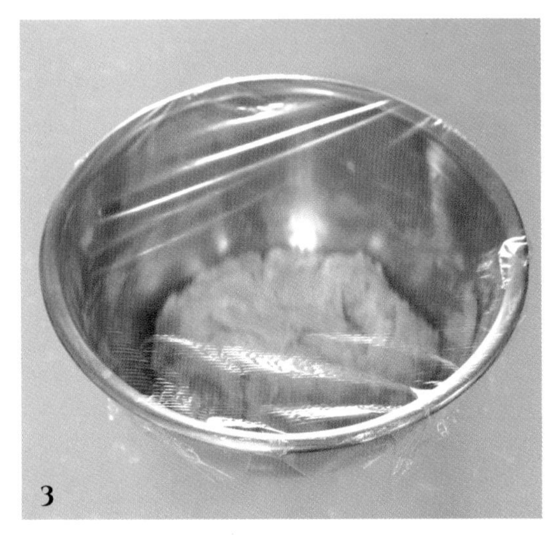

3

## RECIPE

### STEP 1 반죽하기

① 우유에 계량한 이스트를 넣고 섞은 뒤 설탕과 소금, 달걀을 추가해 잘 젓는다.

② ①에 강력분을 넣고 날가루가 없어질 때까지 가볍게 섞는다.

③ ②를 랩으로 꼼꼼하게 감싼 후 실온에 15분간 그대로 둔다. 숙성된 반죽을 꺼내 마미오븐의 손반죽 법에 따라 열심히 반죽한다. (27p 참고)

## STEP 2 1차 발효하기

④ 볼에 반죽을 넣고 랩이나 젖은 면포를 덮어 반죽이 마르지 않도록 한다.

⑤ ④를 실온에 두고 반죽의 부피가 약 2~3배가 되도록 약 1시간 정도 1차 발효한다.

## STEP 3 분할 & 중간 발효

⑥ 1차 발효를 마친 반죽을 가볍게 눌러 가스를 빼고 동글리기 한다.

⑦ ⑥에 랩이나 젖은 면포를 덮은 뒤 실온에서 약 15분간 중간 발효한다.

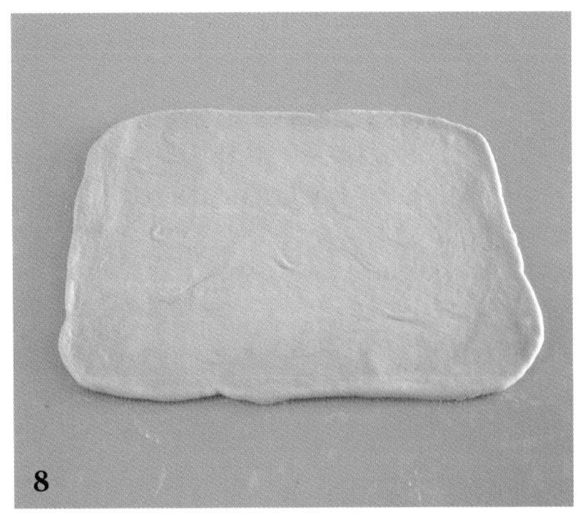


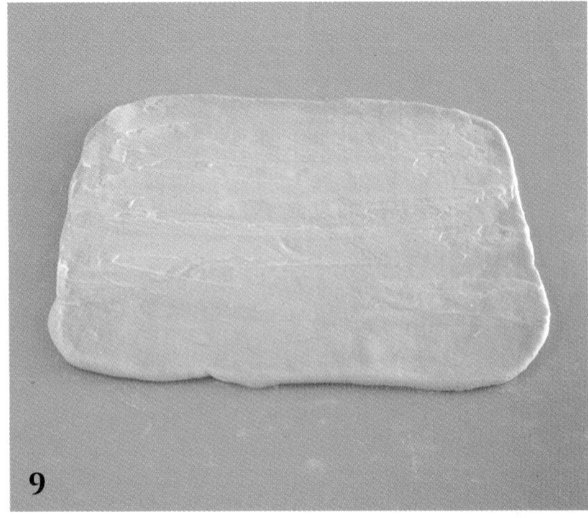


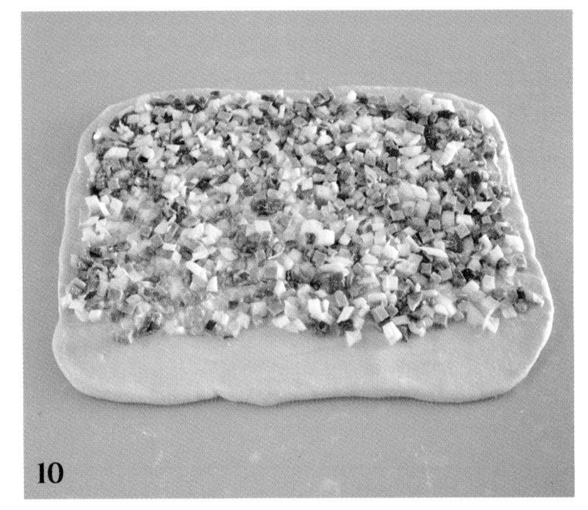


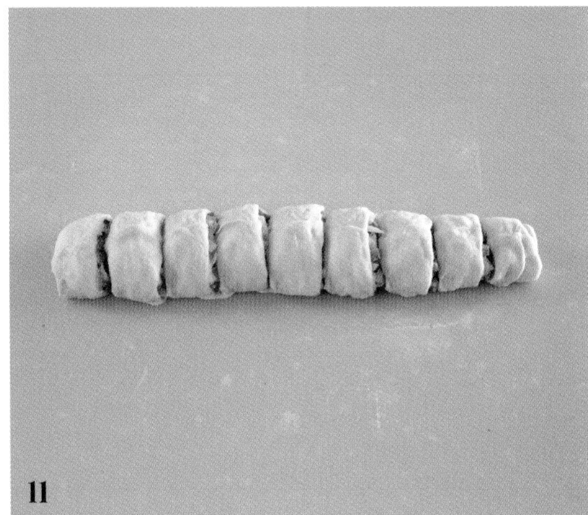


## STEP 4 성형

⑧ 작업대에 덧가루를 조금 뿌린 다음 반죽의 매끈한 면을 바닥에 놓고 가볍게 눌러 가스를 뺀 후 가로 45㎝, 세로 35㎝가 되도록 밀대로 밀어준다.

⑨ 반죽 끝 3㎝ 정도를 남기고 나머지 부분에 마요네즈를 골고루 바른다.

⑩ ⑨에 햄과 양파, 파프리카, 피망, 옥수수 통조림, 마요네즈를 버무려 골고루 올린다.

⑪ 반죽 끝 3㎝에 가볍게 물칠을 하고 돌돌 말아 이음매 부분을 꼬집어 여며준 뒤 5㎝ 간격으로 자른다.

12

13

14

15

## STEP 5 팬닝 & 2차 발효

⑫ 미리 기름을 바른 머핀 유산지 위에 ⑪을 올린다.

⑬ 반죽의 표면이 마르지 않도록 랩으로 덮고 부피가 2배가 될 때까지 2차 발효한다.

### 마미오븐 TIP

충전물 재료들은 미리 0.8㎝ 크기로 다져서 준비해주세요. 충전물은 사용하기 직전에 버무려야 물이 생기지 않아요. 야채롤에 들어갈 채소들은 취향에 따라 추가하거나 생략 가능합니다.

## STEP 6 굽기

⑭ 미리 만들어둔 달걀물을 붓에 묻혀 반죽의 매끈한 면만 발라 준 후 마요네즈와 케첩, 파슬리를 올려 장식한다. 170~180℃로 예열된 오븐에 반죽을 넣고 12~15분 정도 굽는다.

⑮ 잘 익은 반죽을 오븐에서 꺼내자마자 팬을 20~30㎝ 높이로 들고 큰 소리가 날 정도로 내리쳐 쇼크를 준다. 빵을 식힘망에 올려 식힌다.

# 어니언 크림치즈 브레드

양파와 크림치즈의 만남은 최고의 조합이라고 할 수 있죠. 고소한 크림치즈와 알싸하면서도 달콤한 양파의 맛을 고스란히 담은 어니언 크림치즈 브레드, 오늘 우리 가족을 위한 간식으로 어떠세요?

**난이도** ★★★★★

**분량** 어니언 크림치즈 브레드 7개 분량

**적정 반죽 온도** 27~28℃

**오븐 온도** 170~180℃로 12~15분(컨벡션 오븐 기준)

**재료**
강력분 300g, 물 65g
인스턴트 드라이 이스트(고당용) 6g
우유 80g, 달걀 1개
설탕 25g, 소금 6g, 무염 버터 30g
달걀물(노른자 1 : 물1) 적당량

**충전물 재료**
다진 양파(중) $\frac{1}{2}$개
크림치즈 250g
설탕 20g

**장식용 재료** 아몬드 슬라이스 약간

**계절별 우유 사용 온도**

| 봄, 가을 | 여름 | 겨울 |
|---|---|---|
| 실온에 30분 정도 둔 것 (냉기가 빠진 정도) | 냉장 보관한 것 | 전자레인지에 20초간 돌린 것 |

**계절별 물 사용 온도**

| 봄, 가을 | 여름 | 겨울 |
|---|---|---|
| 차가운 수돗물 온도인 것 | 냉장 보관한 것 | 전자레인지에 15초간 돌린 것 |

**사전 준비**
① 재료 계량하기
② 도구 준비하기
③ 버터는 실온에 미리 꺼내두기
④ 달걀은 봄, 가을, 겨울에는 실온에 둔 것을, 여름에는 냉장 보관한 것을 사용하기
⑤ 실온에 미리 꺼내 둔 크림치즈와 설탕을 주걱으로 부드럽게 풀어 섞은 후 짤주머니에 넣어두기
⑥ 반죽의 2차 발효가 50% 정도 진행된 후 190~195℃로 오븐 예열하기

1

2

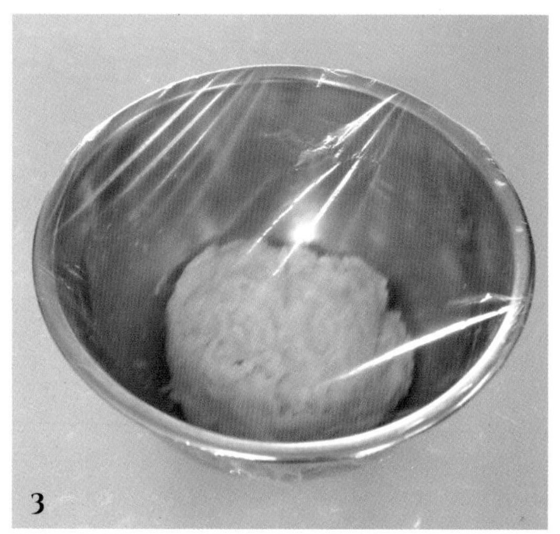

3

# RECIPE

## STEP 1 반죽하기

① 물에 계량한 이스트를 넣고 섞은 뒤 우유와 달걀, 설탕, 소금을 추가해 잘 젓는다.

② ①에 강력분을 넣고 날가루가 없어질 때까지 가볍게 섞는다.

③ ②를 랩으로 꼼꼼하게 감싼 후 실온에 15분간 그대로 둔다. 숙성된 반죽을 꺼내 마미오븐의 손반죽 법에 따라 열심히 반죽한다. (27p 참고)

## STEP 2 1차 발효하기

④ 볼에 반죽을 넣고 랩이나 젖은 면포를 덮어 반죽이 마르지 않도록 한다.

⑤ ④를 실온에 두고 반죽의 부피가 약 2~3배가 되도록 약 1시간 정도 1차 발효한다.

## STEP 3 분할 & 중간 발효

⑥ 1차 발효를 마친 반죽을 7개로 나눈 후 동글리기 한다.

⑦ ⑥에 랩이나 젖은 면포를 덮은 뒤 실온에서 약 15분간 중간 발효한다.

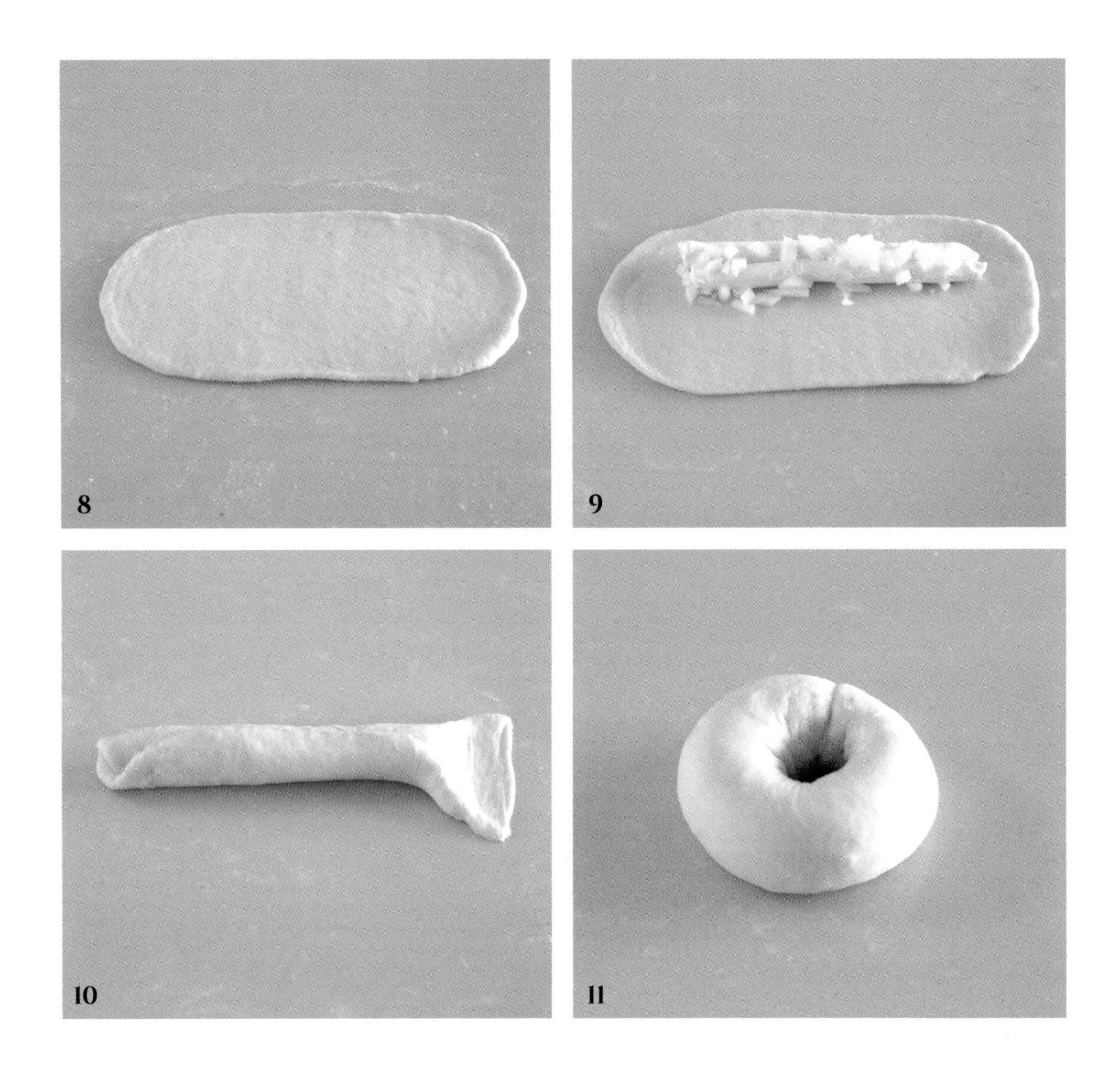


## STEP 4 성형

⑧ 반죽의 매끈한 면을 바닥에 놓고 가볍게 눌러 가스를 뺀 후 가로 25㎝, 세로 12㎝가 되도록 밀대로 밀어준다.

⑨ 밀어 편 반죽에 미리 준비한 충전용 크림치즈를 두 줄로 짜 넣은 후 양파를 올려준다.

⑩ 반죽을 돌돌 말아 이음매를 여며주고 가볍게 굴려 전체적으로 굵기가 일정해지도록 한 후 한쪽 끝 3㎝ 정도만 밀대로 납작하게 밀어 편다.

⑪ 납작하게 밀어 편 끝으로 나머지 반대쪽을 감싸 원 모양으로 만든다. 이음매는 꼼꼼히 여미도록 한다.

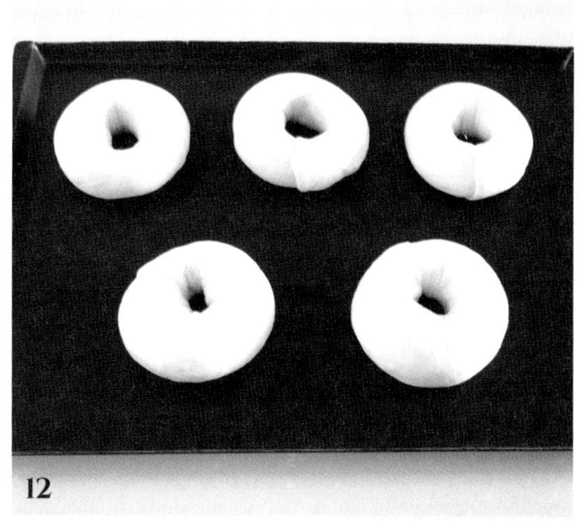
12

13

14

15

## STEP 5 팬닝 & 2차 발효

⑫ 반죽을 팬에 일정 간격으로 띄워 놓는다. 매끈한 면이 위로 가도록 한다.

⑬ 반죽의 표면이 마르지 않도록 랩으로 덮고 부피가 2배가 될 때까지 2차 발효한다.

### 마미오븐 TIP

취향에 따라 빵을 다양한 모양으로 만들어도 좋아요. 토핑도 모차렐라 치즈, 통깨 등 다양한 재료를 활용해 변형할 수 있답니다.

## STEP 6 굽기

⑭ 미리 만들어둔 달걀물을 붓에 묻혀 반죽 겉면에 발라준 후 아몬드 슬라이스를 올려 장식한다. 170~180℃로 예열된 오븐에 반죽을 넣고 12~15분 정도 굽는다.

⑮ 잘 익은 반죽을 오븐에서 꺼내자마자 팬을 20~30㎝ 높이로 들고 큰 소리가 날 정도로 내리쳐 쇼크를 준다. 그렇게 분리된 빵을 식힘망에 올려 식힌다.

# BONUS PART 4
# 마미오븐에 대한 모든 것

**Q. 처음 베이킹을 시작하게 된 계기는 무엇인가요?**

A. 한 6년 전쯤인가? 남편 직장 동료의 아내가 직접 구운 호두 파이를 맛본 적이 있어요. 집에서 만들었다는 것이 믿어지지 않을 만큼 맛있었죠. 먹다 보니까 저도 가족을 위해 빵이나 케이크 등을 만들어보고 싶다는 생각이 들었어요. 그때 처음 베이킹에 관심을 두게 되었어요.

**Q. 베이킹은 어디서 배우셨나요? 학원에 다니신 거예요?**

A. 처음에는 혼자 베이킹을 시작했어요. 그런데 막상 해보니 별로인 거예요. 색이 잘 안 나오는 것은 기본이고 반죽이 설익는 경우도 대부분이었죠. 하지만 포기하지 않고 계속 시도해봤더니 빵이 점점 맛있어지더라고요. 그래도 여전히 부족한 실력이라는 것엔 변함이 없었어요. 제대로 된 베이킹을 하기 위해 제과제빵 수업을 들어 체계적으로 배워야겠다는 생각이 들었죠. 때마침 여성문화센터에서 제과제빵 수업을 시작해서 바로 등록했어요. 이왕 베이킹을 배우기로 마음먹은 김에 자격증에도 도전해보자 싶어서 대뜸 시험 등록도 했죠. 제가 성격이 그래요. 한 번 빠지면 끝까지 파고들어야만 직성이 풀려요. 시험 등록을 해놓고 그걸 이뤄내기 위해 미친 듯이 노력한 덕분에 약 6개월 만에 제과제빵 자격증을 모두 딸 수 있었어요.

**Q. 유튜브를 시작하기 전에 베이킹 클래스를 운영하셨다고 들었어요.**

A. 자격증을 딴 후에도 열심히 베이킹 공부를 했어요. 유명한 셰프님이 원데이 클래스를 운영한다고 하면 달려가서 수업을 들었죠. 그러다 보니 점점 베이킹에 익숙해지면서 노하우가 차곡차곡 쌓이고 저만의 레시피도 만들어지더라고요. 이 정도면 내가 직접 클래스를 열어봐도 괜찮을 거라는 생각이 들었죠. 조심스럽게 시작한 베이킹 클래스는 예상보다 더 성공적이었어요. 최대한 쉽고 간단하게 레시피를 변형해 알려주었더니 엄마들의 반응이 정말 좋았죠. 그렇게 소규모로 작게 시작했던 수업이 입소문을 타면서 수강생들도 점점 늘어났어요. 나중에는 문화센터 자격증 수업을 진행하기도 했고, 기업에서 주최하는 강의에 나가기도 했답니다.

**Q. 아직도 베이킹 클래스를 진행하고 계신가요?**

A. 아니요. 유튜브를 시작하기 전에 그만두었죠. 열심히 베이킹을 공부한 덕분에 실력도 많이 늘어서 다른 이들을 가르칠 수준까지 왔지만, 뭔가 부족하다는 느낌을 받았거든요. 그러던 중에 인터넷에서 케이크 아이싱으로 유명하신 분을 알게 되었어요. 그분의 인스타그램 피드를 보면서 너무 갈증이 나는 거예요. '나도 저렇게 예쁜 케이크를 만들고 싶다!'라는 생각이 머릿속에 가득 찼죠. 아무래도 케이크 디자인을 배워야 이 갈증이 해소될 거 같아서 바로 클래스를 접었어요. 그리고 제가 살고 있는 경기도 오산에서 쌍문동까지 클래스를 받으러 다녔죠.

**Q. 경기도 오산에서 서울 쌍문동까지요? 힘들지 않으셨어요?**

A. 힘들었죠. 그때 당시만 하더라도 제가 운전을 못 했거든요. 어쩔 수 없이 대중교통을 이용해야만 했어요.

아침 일찍 일어나 식사 준비 다 하고 7시에 애들 깨워서 밥 먹이고 옷 입힌 뒤 8시에 알람 울리면 등교하라는 말을 남기고 광역버스에 올라타죠. 그렇게 신논현까지 쭉 가서 또 지하철을 타고 동작역으로 향해요. 그리고 동작역에서 쌍문동 가는 지하철을 갈아타요. 그렇게 왕복 4시간에 걸쳐서 쌍문동을 오가며 수업을 들었어요. 그것도 무려 석 달이나 말이에요! 열심히 노력한 결과 자격증을 한 번에 딸 수 있었어요..

Q. **오프라인 위주로 활동을 많이 하셨는데, 어떻게 유튜브 채널을 만들게 되었나요?**

A. 동생이 유튜브를 먼저 시작했는데, 어느 날 제게 유튜브를 시작해볼 생각 없냐고 묻더라고요. 그 당시 저는 유튜브에 관심이 없어서 거절했죠. 동생이 그래도 한번 고민해보라고 해서 호기심에 다른 분들의 영상을 보기 시작했어요. 흥미롭고 유익한 채널이 정말 많았지만, 제가 원하는 느낌은 없었어요. 저는 쉽고 간단하면서 식구들이 맛있게 먹을 수 있는 베이킹을 하고 싶었거든요. 아마 제 또래에 베이킹을 좋아하는 분들도 마찬가지일 것이라고 생각해요. 그래서 이 콘셉트로 채널을 운영한다면 큰 호응을 얻을 것 같다는 생각에 시작하게 되었죠.

Q. **'마미오븐'이라는 이름으로 유튜브 채널을 개설한 이유는 무엇인가요?**

A. 처음에 '마미케이크'라는 이름으로 채널을 개설했어요. 그런데 생각해보니 케이크라는 한정적인 분야가 아니라 조금 더 넓게 베이킹을 두루 다뤄야 할 것 같더라고요. 그래서 '마미오븐'이라는 이름으로 바꾸었죠. 우리 아이들은 제가 지은 이름을 듣고 "엄마, 너무 촌스러워!"라며 질색했지만, 뭐 어때요? 제가 원하는 콘셉트에 딱 맞는 이름이라서 저는 마음에 들어요..

Q. **유튜브 채널을 운영할 때 어려운 점은 없었나요?**

A. 아휴, 많았죠. 촬영도 처음이고, 편집도 처음이니 어떻게 해야 할지 몰라 한참을 헤맸죠. 그때는 핸드폰 하나 들고 영상을 찍고 편집했는데, 너무 엉성해서 보기 민망할 정도였어요. 그런데 모든 정답은 유튜브에 있더라고요. 촬영 노하우부터 편집 방법까지 모두 알려주는 채널이 많아서 좋았어요.

Q. **영상 제작할 때 가장 어려운 것은 무엇인가요?**

A. 촬영이 제일 어려워요. 좋은 퀄리티의 영상을 만들고 싶은데 그게 잘 안 되더라고요. 물론, 초반에 올렸던 영상보다는 지금이 훨씬 나아지긴 했어요. 하지만 영상미 좋은 다른 분들의 채널과 비교하면 아직 많이 부족해요. 그래도 콘텐츠에 진심을 담아서 열심히 하면 구독자분들이 알아주시더라고요. 늘 감사한 마음으로 영상을 올리고 있어요.

Q. **하나의 영상을 만들기까지 얼마의 시간이 소요되나요?**

A. 초기에는 편집을 할 줄 몰라서 영상 편집만 무려 3일이 걸렸어요. 게다가 레시피 구상하는 것도 시간이 걸려서 영상 하나를 만드는 데 거의 일주일이 필요했어요. 아이를 키우면서 하려니까 더 오래 걸리기도 했죠. 그런데 지금은 6~7시간 정도면 영상 하나를 편집할 수 있어요. 촬영과 편집을 모두 하는 데 이틀의 시간만 있으면 충분해요.

**Q. 영상으로 소개하는 레시피를 선정할 때 기준이 따로 있나요?**

A. 저는 최대한 쉽게 만들 수 있는 레시피를 구상하려고 노력해요. 재료도 주변에서 흔히 살 수 있는 것으로 꾸리고요. 대중성을 중요하게 생각해서 빵집 인기 메뉴도 종종 참고해요. 너무 난해하거나 어려운 것은 편하게 먹기 힘들기 때문에 최대한 배제하려고 노력하죠.

**Q. 지금까지 올린 레시피 중 가장 좋아하는 것이 있다면 어떤 것인가요?**

A. 저는 개인적으로 연유 브레드를 가장 좋아해요. 솔직히 이건 팔아도 되는 레시피예요. 아니, 파는 것 보다 더 맛있어요. 그런데 다른 레시피에 비해 연유 브레드 영상 뷰가 적게 나오더라고요. 정말 아쉬워요. 연유 브레드뿐만 아니라 밀크롤도 정말 부드러워 맛있고, 모닝빵도 괜찮아요. 생크림 식빵도 빼놓을 수 없죠. 나중에 가게를 낸다면 이 메뉴들은 꼭 넣을 거예요.

**Q. 제과보다 제빵에 집중하시는 편인데 그 이유가 무엇인가요?**

A. 일단 기본적으로 제과제빵 모두 설탕과 밀가루 비중이 높은 편이에요. 하지만 엄마로서 생각했을 때 제과보다 설탕 비중이 비교적 낮은 제빵이 조금 더 건강하게 느껴지더라고요. 무엇보다 빵은 간식뿐만 아니라 든든한 한 끼도 될 수 있잖아요? 아무래도 제가 엄마 입장이다 보니까 제과보다 제빵에 자연스레 더 관심이 가더라고요. 유튜브 채널도 그런 엄마의 마음으로 만들었기 때문에 제과보다 제빵 레시피를 훨씬 많이 올리게 되었어요.

**Q. 유튜브 채널 운영과 동시에 아이 케어, 집안 살림까지 하려니 정말 힘드실 거 같아요. 어떠세요?**

A. 아무래도 엄마로서 책임을 다하면서 동시에 유튜버의 역할도 해내야 하니 그 사이의 중심을 제대로 잡는 게 어려워요. 특히, 제가 아직까지는 유튜브를 혼자서 다 하잖아요. 유튜버 분들 중에 편집이나 촬영을 대신해 주는 분을 구하기도 하는데, 아직 제가 그 정도는 아닌 거 같아서 그냥 혼자 다 하거든요. 그렇다 보니 시간 관리에 조금 더 신경 쓰는 편이죠.

**Q. 시간 관리에 신경 쓰신다고 하셨는데, 마미오븐 님의 하루는 어떤지 궁금해요.**

A. 아침에 일어나서 식사 준비하고 아이들 등교와 남편 출근 준비를 도와요. 그리고 아침 9시쯤 되면 집안일을 하죠. 청소기를 돌리면서 머릿속으로는 계속 레시피를 생각해요. 오전 10시부터는 마미오븐으로 변신한 뒤 계속 생각했던 레시피를 촬영해요. 다른 곳이 아닌 우리 집 주방에서 말이에요. 아이들이 학교 끝나고 오는 오후 3시까지 마미오븐의 시간을 보내다가 다시 엄마로 돌아갑니다. 촬영용으로 만든 빵을 아이들 간식으로 주고 학원 보낸 뒤 저녁 준비에 돌입하죠. 그리고 남편이 퇴근하고 아이들도 학교 끝나고 집에 오면 같이 저녁 식사를 해요. 식사 후에는 집을 간단히 청소하고 저녁 9시부터 편집을 시작합니다. 보통 새벽 1시까지 컴퓨터 앞에 앉아 있는 것 같아요. 종일 바쁘고 정신없지만, 그래도 아직은 엄마와 아내, 그리고 마미오븐으로서 제 몫을 톡톡히 해내고 있는 것 같아서 뿌듯합니다.

**Q. 저 많은 일정을 한 번에 소화해내시다니! 마미오븐 님도 기본 체력이 어마어마하신 것 같아요.**

A. 힘들 때도 있지만 보람을 느끼는 것이 더 커요. 미혼 때는 회사 다니며 성취감을 느끼기도 했는데, 결혼 후에는 아내와 엄마의 역할에만 머물게 되더라고요. 물론, 그것도 매우 뿌듯한 일이지만 그 이상의 무언가를 해내고 싶은 욕망이 있었던 것 같아요. 그러던 와중에 나만의 브랜드가 생기고, 이를 좋아하는 분들도 점점 많아지니까 자신감이 샘솟더라고요. 무엇보다 제 자신이 누구의 아내, 누구의 엄마가 아닌 온전히 저로서 인정받은 것 같아서 기뻤어요.

**Q. 이번에는 유튜브에서 벗어나 책 출간에도 도전하셨잖아요. 책을 만들면서 가장 신경 쓴 부분이 있다면 어떤 것인가요?**

A. 제 유튜브 채널은 다양한 나라의 분들이 구독하고 계세요. 그렇다 보니 세세한 설명을 못 할 때가 많았어요. 오직 한국 구독자들만 보는 영상이었다면 제가 작은 것 하나라도 꼼꼼하게 설명했을 텐데, 외국 구독자도 있다 보니 표준적인 내용만 이야기하게 되더라고요. 그런 부분들이 사실 많이 아쉬웠어요. 하지만 책은 아무래도 한국 독자들을 대상으로 하는 것이기 때문에 그동안 제가 말하고 싶은 것들을 전부 담을 수 있어 좋더라고요.

**Q. 아이들도 엄마가 유튜버라는 사실을 알죠? 처음에 엄마가 올린 영상을 보고 반응이 어땠나요?**

A. 구독자수가 늘어나니까 내심 뿌듯해하더라고요. "우리 엄마 유튜버야!"라고 하면서 친구들에게 자랑하고요. 전에는 게임을 하고 있기에 쓱 봤더니 아이디에 '마미오븐 구독'이렇게 적어뒀지 뭐예요? 나름대로 홍보를 한 거예요. 아이들한테 자랑스러운 엄마가 된 것 같아요.

**Q. 마미오븐 님을 보고 유튜버를 꿈꾸는 주부들도 많이 있다고 들었어요. 그분들에게 조언을 해준다면?**

A. 간혹 모든 것을 완벽하게 세팅하려고 노력하는 분들이 많은데, 그러지 마세요. 그러다 보면 아무것도 하지 못해요. 무조건 시작하고 보는 거예요. 시행착오를 두려워하지 마세요. 내 영상을 사람들이 처음부터 좋아할 거라는 기대감도 접어두세요. 많이 부족하고 서툴지만 일단 시작해서 무언가를 계속 만들다 보면 결과물이 나타날 거예요. 일단 저지르고 하면서 수정하세요. 틀리면 고치고, 방향이 다르면 꺾는 거예요. 처음부터 완벽한 사람은 없으니까요.

**Q. 마지막 질문이에요. 10년 후 마미오븐은 어떤 모습일까요?**

A. 저는 복잡하게 살고 싶지 않아요. 조용하고 편안한 삶을 늘 꿈꾸죠. 그래서 언젠가는 마당 있는 전원주택에서 여유롭게 살고 싶어요. 제가 좋아하는 빵을 구우면서 말이죠. 동시에 온라인 매장도 운영하면 참 좋겠네요. 저는 앞으로도 계속 빵을 구울 것 같아요. 10년 후, 20년 후에도 말이에요. 그렇기 때문에 미래의 우리 집은 늘 따뜻하고 고소한 빵 냄새가 가득하지 않을까요?

# SECRET RECIPE

## 마미오븐 시크릿 레시피

# 밤 식빵

제과점의 스테디셀러인 밤 식빵을 집에서 만들어볼까요? 홈메이드인 만큼 재료 아끼지 않고 푸짐하게 말이에요! 달콤한 밤을 가득 넣은 밤 식빵 레시피, 지금 공개합니다!

**난이도** ★★★★★

**분량** 옥수수식빵팬(21.5㎝ X 9.5㎝ X 9.5㎝) 1개 분량

**적정 반죽 온도** 27~28℃

**오븐 온도** 170~180℃로 25~30분(컨벡션 오븐 기준)

**재료**
- 강력분 250g
- 우유 105g
- 인스턴트 드라이 이스트(고당용) 5g
- 달걀 1개
- 설탕 25g
- 소금 5g
- 무염 버터 30g
- 통조림 밤 100g

**토핑용 재료**
- 중력분 20g
- 버터 20g
- 설탕 15g
- 달걀 12g
- 베이킹파우더 약간
- 아몬드 슬라이스 10g

**계절별 우유 사용 온도**

| 봄, 가을 | 여름 | 겨울 |
|---|---|---|
| 실온에 30분 정도 둔 것<br>(냉기가 빠진 정도) | 냉장 보관한 것 | 전자레인지에 20초간 돌린 것 |

**사전 준비**

① 재료 계량하기
② 도구 준비하기
③ 버터는 실온에 미리 꺼내두기
④ 달걀은 봄, 가을, 겨울에는 실온에 둔 것을, 여름에는 냉장 보관한 것을 사용하기
⑤ 반죽의 2차 발효가 50% 정도 진행된 후 190~195℃로 오븐 예열하기
⑥ 깍지 894번 준비하기

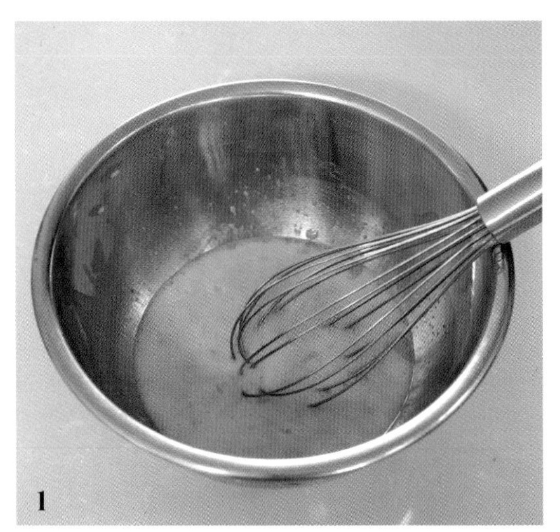
1

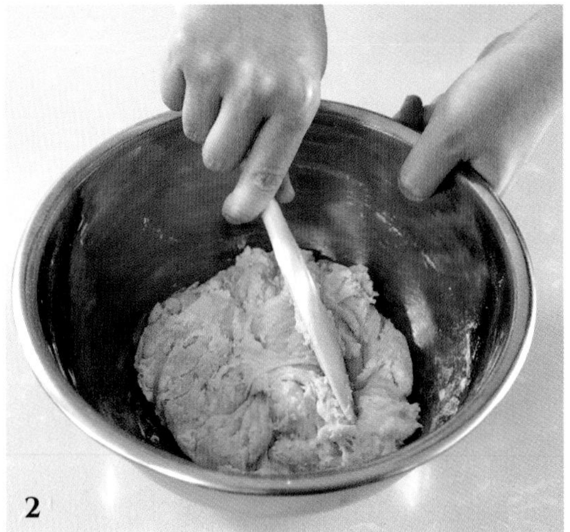
2

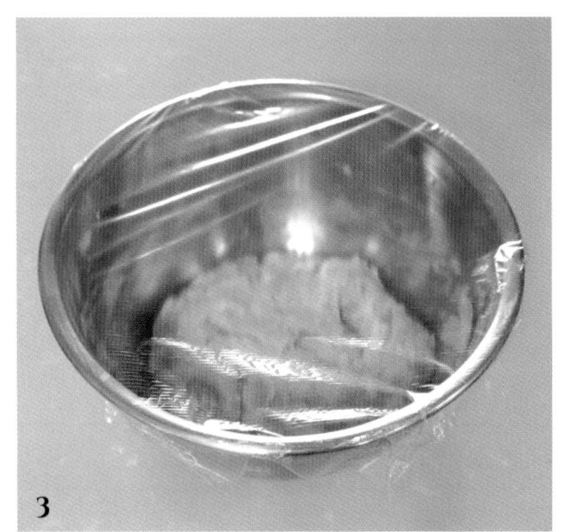
3

# RECIPE

## STEP 1 반죽하기

① 우유에 계량한 이스트를 넣고 섞은 뒤 설탕과 소금, 달걀을 추가해 잘 젓는다.

② ①에 강력분을 넣고 날가루가 없어질 때까지 가볍게 섞는다.

③ ②를 랩으로 꼼꼼하게 감싼 후 실온에 15분간 그대로 둔다. 숙성된 반죽을 꺼내 마미오븐의 손반죽 법에 따라 열심히 반죽한다. (27p 참고)

## STEP 2  1차 발효하기

④ 볼에 반죽을 넣고 랩이나 젖은 면포를 덮어 반죽이 마르지 않도록 한다.

⑤ ④를 실온에 두고 반죽의 부피가 약 2~3배가 되도록 약 1시간 정도 1차 발효한다.

## STEP 3  분할 & 중간 발효

⑥ 1차 발효를 마친 반죽을 가볍게 눌러 가스를 빼고 동글리기 한다.

⑦ 반죽을 랩이나 젖은 면포를 덮은 뒤 실온에서 약 15분간 중간 발효한다.

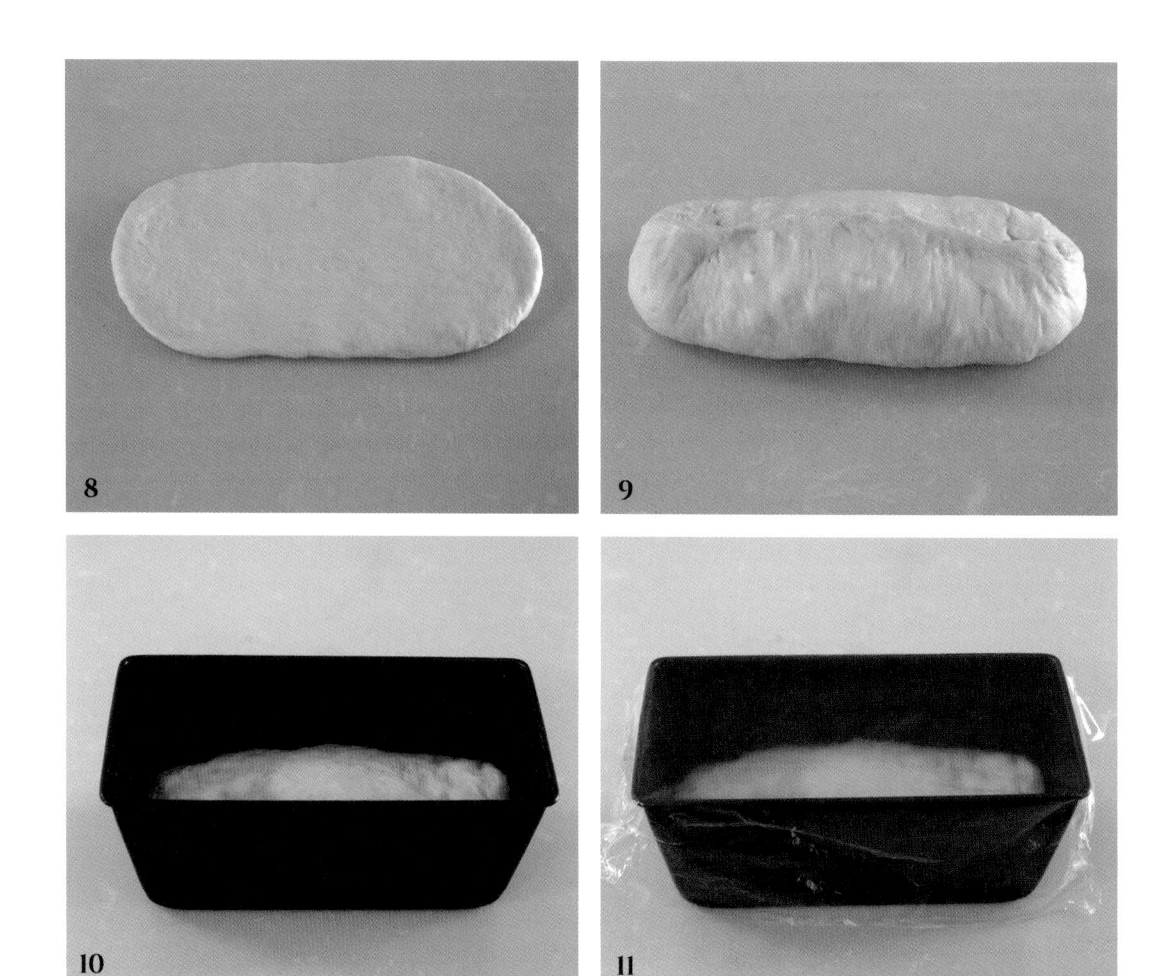


## STEP 4 성형

⑧ 반죽의 매끈한 면을 바닥에 놓고 가볍게 눌러 가스를 뺀 후 가로 20㎝, 세로 30㎝가 되도록 밀대로 밀어준다. 반죽의 가로 폭이 팬의 가로 폭을 넘지 않도록 주의한다.

⑨ 밀대로 충분히 민 반죽에 통조림 밤을 골고루 올리고 반죽을 돌돌 말아준 뒤 이음매 부분을 꼬집어 여며준다.

## STEP 5 팬닝 & 2차 발효

⑩ 팬에 반죽의 이음매가 아래로 가도록 놓은 뒤 손으로 반죽을 살짝 눌러준다.

⑪ 반죽의 표면이 마르지 않도록 랩으로 덮고 2차 발효를 시작한다. 반죽이 팬의 아래로 약 1㎝ 높이까지 부푸는 것을 기준으로 한다.

12

13

14

15

## STEP 6 토핑 만들기

⑫ 실온에서 부드러워진 버터를 가볍게 풀어 준 뒤 설탕을 넣고 뽀얗게 될 때까지 빠르게 섞다가 달걀을 넣고 부피감이 생길 때까지 잘 저어준다.

⑬ 체 친 중력분과 베이킹파우더를 ⑫에 넣은 뒤 주걱을 세워 가르듯 섞는다. 완성된 토핑은 깍지를 끼운 짤주머니에 넣는다.

## STEP 7 토핑하기 & 굽기

⑭ 2차 발효를 마친 반죽에 토핑을 짜서 올린 뒤 아몬드 슬라이스를 뿌려 장식하고 170~180℃로 예열된 오븐에 반죽을 넣어 25~30분 정도 굽는다.

⑮ 잘 익은 반죽을 오븐에서 꺼내자마자 팬을 20~30㎝ 높이로 들고 큰 소리가 날 정도로 내리쳐 쇼크를 준다. 그렇게 분리된 빵을 식힘망에 올려 식힌다.

### 마미오븐 TIP

반죽에 밤을 올린 후 밤이 흩어지지 않고 잘 고정될 수 있도록 살짝 눌러주세요. 토핑이 넘치지 않게 팬 아래 1㎝까지만 발효하는 것도 잊지 마세요! 모양 깍지는 집에 있는 원형, 별 모양 등을 사용해도 무방합니다.

# 초콜릿 식빵

 NO EGG RECIPE

달콤 쌉싸름한 초콜릿으로 만든 식빵은 아이들이 정말 좋아하는 메뉴랍니다. 하루 종일 공부하느라 지친 아이들의 기운을 복돋아줄 간식으로 제격이죠. 한 번 먹으면 맛있어서 자꾸 먹고 싶은 초콜릿 식빵을 만들어봅시다!

**난이도** ★★★☆☆

**분량** 오란다 팬(16.5cm X 8.5cm X 6.5cm) 3개 분량

**적정 반죽 온도** 27~28℃

**오븐 온도** 170~180℃로 15~20분(컨벡션 오븐 기준)

**재료**
강력분 320g
코코아 가루 30g
물 245g
인스턴트 드라이 이스트(저당용) 6g
설탕 40g
소금 6g
무염 버터 40g
다크초콜릿 칩 120g

**장식용 재료**
코팅 초콜릿 100g
호두 분태 40g

**계절별 물 사용 온도**

| 봄, 가을 | 여름 | 겨울 |
|---|---|---|
| 차가운 수돗물 온도인 것 | 냉장 보관한 것 | 전자레인지에 15초간 돌린 것 |

**사전 준비**
① 재료 계량하기
② 도구 준비하기
③ 버터는 실온에 미리 꺼내두기
④ 코코아 가루는 체 쳐두기
⑤ 반죽의 2차 발효가 50% 정도 진행된 후 190~195℃로 오븐 예열하기

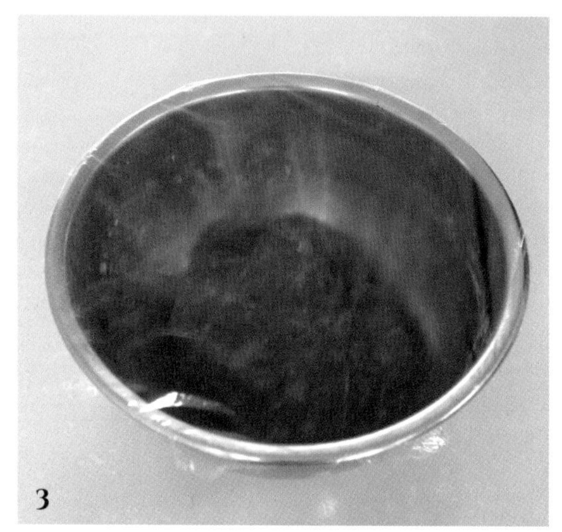

## RECIPE

### STEP 1 반죽하기

① 물에 계량한 이스트를 넣고 섞은 뒤 설탕과 소금을 추가해 잘 젓는다.

② ①에 강력분과 코코아 가루를 넣고 날가루가 없어질 때까지 가볍게 섞는다.

③ ②를 랩으로 꼼꼼하게 감싼 후 실온에 15분간 그대로 둔다. 숙성된 반죽을 꺼내 마미오븐의 손반죽 법에 따라 열심히 반죽한다. (27p 참고)

## STEP 2 1차 발효하기

④ 볼에 반죽을 넣고 랩이나 젖은 면포를 덮어 반죽이 마르지 않도록 한다.

⑤ ④를 실온에 두고 반죽의 부피가 약 2~3배가 되도록 약 1시간 정도 1차 발효한다.

## STEP 3 분할 & 중간 발효

⑥ 1차 발효를 마친 반죽을 3개로 나눈 후 동글리기 한다.

⑦ ⑥에 랩이나 젖은 면포를 덮은 뒤 실온에서 약 15분간 중간 발효한다.

8

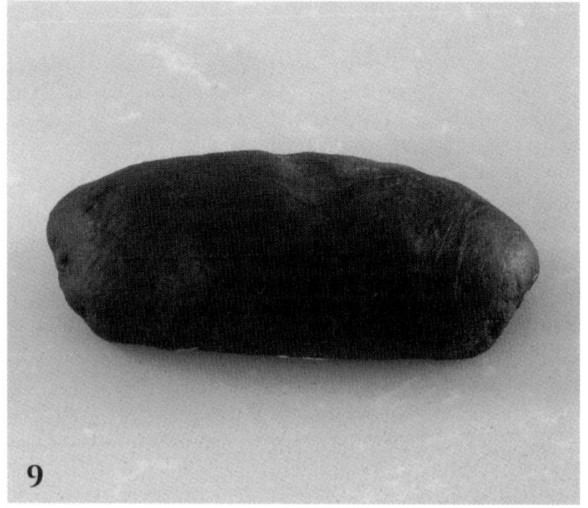

9

10

11

## STEP 4 성형

⑧ 충분히 발효된 반죽을 가볍게 눌러 가스를 뺀 후 가로 15㎝, 세로 18㎝ 가 되도록 밀대로 밀어준다. 반죽의 가로 폭이 팬의 가로 폭을 넘지 않도록 주의한다.

⑨ 밀어 편 반죽에 초콜릿 칩을 골고루 올려 살짝 눌러준 후 돌돌 말아 이음매 부분을 꼬집어 여며준다.

## STEP 5 팬닝 & 2차 발효

⑩ 팬에 반죽의 이음매가 아래로 가도록 놓은 뒤 손으로 반죽을 살짝 눌러준다.

⑪ 반죽의 표면이 마르지 않도록 랩으로 덮고 2차 발효를 시작한다. 반죽이 팬의 약 1㎝ 높이까지 부푸는 것을 기준으로 한다.

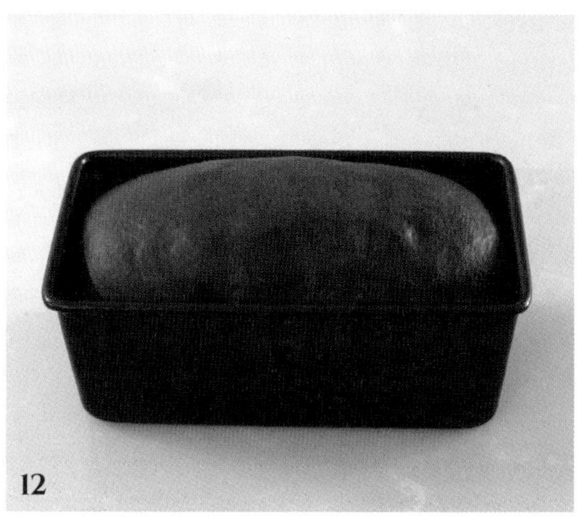
12

13

14

15

## STEP 6 굽기

⑫ 170~180℃로 예열된 오븐에 반죽을 넣고 15~20분 정도 굽는다.

⑬ 잘 익은 반죽을 오븐에서 꺼내자마자 팬을 20~30㎝ 높이로 들고 큰 소리가 날 정도로 내리쳐 쇼크를 준다. 그렇게 분리된 빵을 식힘망에 올린 뒤 식힌다.

## STEP 7 장식하기

⑭ 중탕으로 녹인 초콜릿에 호두 분태를 넣고 섞는다.

⑮ 한 김 식힌 빵 위에 ⑮를 부어주고 수격으로 고루 편 뒤 초콜릿이 완전히 굳을 때까지 기다린다.

### 마미오븐 TIP

초콜릿 식빵에 들어갈 초콜릿 칩은 반드시 다크초콜릿 칩을 사용해야 합니다. 밀크초콜릿은 너무 달 수 있어요. 다크초콜릿 칩을 사용해야 많이 달지 않고 진한 초콜릿 맛을 느끼실 수 있어요.

# 오징어먹물 식빵

들어는 보셨나요? 오징어먹물 식빵! 까만 오징어먹물과 짭조름한 치즈가 만나 특별한 풍미와 식감을 선사한답니다. 평화로운 주말 낮, 온 가족 특식으로 안성맞춤인 오징어먹물 식빵 레시피를 알려드릴게요.

**난이도** ★★★☆☆

**분량** 오란다 팬(16.5㎝ X 8.5㎝ X 6.5㎝) 3개 분량

**적정 반죽 온도** 27~28℃

**오븐 온도** 170~180℃로 15~20분(컨벡션 오븐 기준)

**재료**

강력분 330g
물 160g
인스턴트 드라이 이스트(저당용) 6g
달걀 1개
설탕 24g
소금 6g
무염 버터 30g
오징어먹물 15g

**충전용 재료**

체다 치즈 150g
모차렐라 치즈 150g
슬라이스 양파(중) $\frac{1}{2}$개

**계절별 물 사용 온도**

| 봄, 가을 | 여름 | 겨울 |
|---|---|---|
| 차가운 수돗물 온도인 것 | 냉장 보관한 것 | 전자레인지에 15초간 돌린 것 |

**사전 준비**

① 재료 계량하기
② 도구 준비하기
③ 버터는 실온에 미리 꺼내두기
④ 달걀은 봄, 가을, 겨울에는 실온에 둔 것을, 여름에는 실온 보관한 것을 사용하기
⑤ 3가지 치즈는 미리 섞어두기
⑥ 반죽의 2차 발효가 50% 정도 진행된 후 190~195℃로 오븐 예열하기

1

2

3

## RECIPE

### STEP 1 반죽하기

① 물에 계량한 이스트를 넣고 섞은 뒤 오징어먹물과 달걀, 설탕, 소금을 추가해 잘 젓는다.

② ①에 강력분을 넣고 날가루가 없어질 때까지 가볍게 섞는다.

③ ②를 랩으로 꼼꼼하게 감싼 후 실온에 15분간 그대로 둔다. 숙성된 반죽을 꺼내 마미오븐의 손반죽 법에 따라 열심히 반죽한다. (27p 참고)

## STEP 2 1차 발효하기

④ 볼에 반죽을 넣고 랩이나 젖은 면포를 덮어 반죽이 마르지 않도록 한다.

⑤ ④를 실온에 두고 반죽의 부피가 약 2~3배가 되도록 약 1시간 정도 1차 발효한다.

## STEP 3 분할 & 중간 발효

⑥ 1차 발효를 마친 반죽을 3개로 나눈 후 동글리기 한다.

⑦ ⑥에 랩이나 젖은 면포를 덮은 뒤 실온에서 약 15분간 중간 발효한다.

8

9

10

11

## STEP 4 성형

⑧ 반죽의 매끈한 면을 바닥에 놓고 가볍게 눌러 가스를 뺀 후 가로 15㎝, 세로 18㎝가 되도록 밀대로 밀어준다.

⑨ 밀어 편 반죽에 미리 섞어둔 치즈와 양파를 반죽의 $\frac{2}{3}$ 지점에 놓고 치즈가 새지 않게 1차로 꼭꼭 눌러 여며준 후 나머지 반죽을 돌돌 말아 이음매 부분을 꼬집어 여며준다.

## STEP 5 팬닝 & 2차 발효

⑩ 팬에 반죽의 이음매가 아래로 가도록 놓은 뒤 손으로 반죽을 살짝 눌러준다.

⑪ 반죽의 표면이 마르지 않도록 랩으로 덮고 2차 발효를 시작한다. 반죽이 팬의 약 1㎝ 높이까지 부푸는 것을 기준으로 한다.

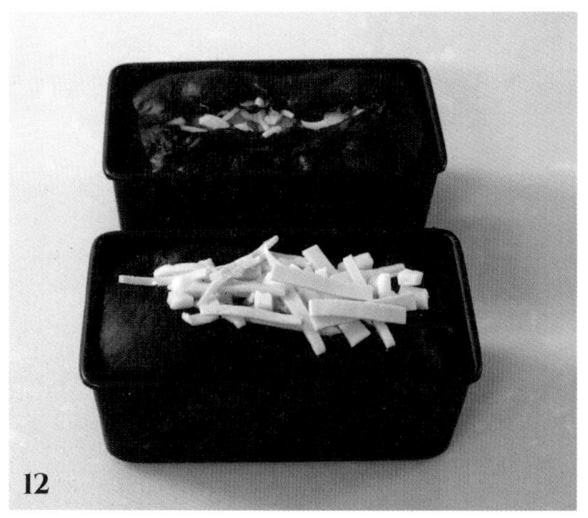

## STEP 6 굽기

⑫ 2차 발효 후 반죽의 가운데 부분에 칼집을 넣고 남은 치즈를 올린다.

⑬ 170~180℃로 예열된 오븐에 반죽을 넣고 15~20분 정도 굽는다.

⑭ 잘 익은 반죽을 오븐에서 꺼내자마자 팬을 20~30㎝ 높이로 들고 큰 소리가 날 정도로 내리쳐 쇼크를 준다. 그렇게 분리된 빵을 식힘망에 올려 식힌다.

### 마미오븐 TIP

오징어먹물 식빵은 따뜻할 때 먹어야 맛있어요. 되도록 만든 후 바로 드시는 게 좋고, 실온에 보관해 식었을 경우에는 전자레인지에 약 1~2분 정도 돌린 후 먹는 걸 추천합니다. 충전용 치즈는 조금 남겨 장식용으로 사용하세요.

# 흑미 식빵

밀가루 대신 쌀가루로 빵을 만들어도 정말 맛있다는 사실, 알고 계신가요? 특히, 흑미로 식빵을 만들면 일반 식빵보다 쫄깃한 식감과 구수한 맛을 즐길 수 있답니다. 어디에서도 찾아볼 수 없는 특별한 흑미 식빵 레시피를 함께 알아봐요!

**난이도** ★★★☆☆

**분량** 옥수수 식빵 팬 (21.5㎝ X 9.5㎝ X 9.5㎝) 1개 분량

**적정 반죽 온도** 27~28℃

**오븐 온도** 170~180℃로 30~35분(컨벡션 오븐 기준)

**재료**
강력 흑미 가루 280g
물 140g
인스턴트 드라이 이스트(저당용) 6g
설탕 20g
소금 6g
달걀 1개
무염 버터 25g

**계절별 물 사용 온도**

| 봄, 가을 | 여름 | 겨울 |
|---|---|---|
| 차가운 수돗물 온도인 것 | 냉장 보관한 것 | 전자레인지에 15초간 돌린 것 |

**사전 준비**
① 재료 계량하기
② 도구 준비하기
③ 버터는 실온에 미리 꺼내두기
④ 달걀은 봄, 가을, 겨울에는 실온에 둔 것을, 여름에는 실온 보관한 것을 사용하기
⑤ 반죽의 2차 발효가 50% 정도 진행된 후 190~195℃로 오븐 예열하기

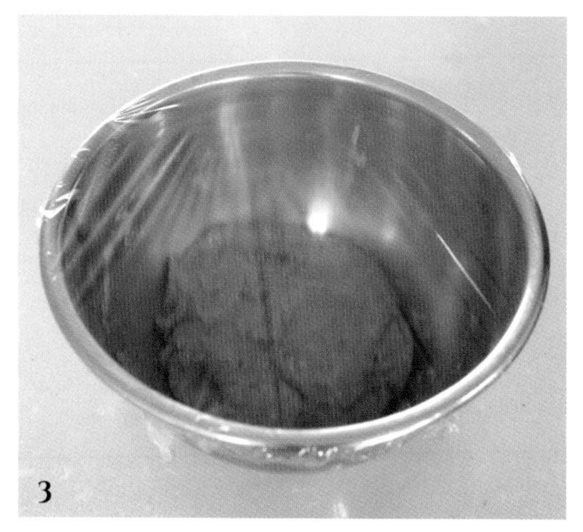

## RECIPE

### STEP 1 반죽하기

① 물에 계량한 이스트를 넣고 섞은 뒤 달걀, 설탕, 소금을 추가하고 잘 젓는다.

② ①에 강력 흑미 가루를 넣고 날가루가 없어질 때까지 가볍게 섞는다.

③ ②를 랩으로 꼼꼼하게 감싼 후 실온에 15분간 그대로 둔다. 숙성된 반죽을 꺼내 마미오븐의 손반죽 법에 따라 열심히 반죽한다. (27p 참고) 단, 흑미 식빵은 반죽 시간을 조금 줄여야 하므로 내리치고 접는 과정을 5분 정도 짧게 한다.

④ 흑미 식빵은 1차 발효를 하지 않고 랩이나 젖은 면포를 덮고 20분간 휴지한다.

## STEP 2 분할 & 중간 발효

⑤ 휴지를 마친 반죽을 손으로 눌러 가스를 뺀 후 동글리기 한다.

⑥ 반죽에 랩이나 젖은 면보를 덮은 뒤 실온에서 약 10분간 중간 발효한다.

## STEP 3 성형

⑦ 반죽의 매끈한 면을 바닥에 놓고 손으로 가볍게 눌러 가스를 뺀 후 가로 20㎝, 세로 30㎝가 되 도록 밀대로 밀어준다. 반죽의 가로 폭이 팬의 가로 폭을 넘지 않도록 주의한다.

⑧ 밀대로 충분히 민 반죽을 돌돌 말아준 뒤 이음매 부분을 꼬집어 여며준다.

9

10

## STEP 4 팬닝 & 2차 발효

⑨ 팬에 반죽의 이음매가 아래로 가도록 놓은 뒤 손으로 반죽을 살짝 눌러준다.

⑩ 반죽의 표면이 마르지 않도록 랩으로 덮고 2차 발효를 시작한다. 반죽이 팬의 약 1㎝ 높이까지 부푸는 것을 기준으로 한다.

11

12

13

## STEP 5 굽기

⑪ 170~180℃로 예열된 오븐에 반죽을 넣고 30~35분 정도 굽는다.

⑫ 잘 익은 반죽을 오븐에서 꺼내자마자 팬을 20~30㎝ 높이로 들고 큰 소리가 날 정도로 내리쳐 쇼크를 준다.

⑬ 분리된 빵을 식힘망에 올린 뒤 붓을 활용해 녹인 버터를 윗면에 골고루 바른다.

### 마미오븐 TIP

글루텐은 건물의 골격 구조를 형성하는 역할을 해요. 강력 쌀가루는 쌀가루에 없는 글루텐을 인위적으로 첨가해서 만든 가루입니다. 그래서 강력 쌀가루는 강력분에 비해 구조력이 약합니다. 강력 쌀가루로 빵을 만들 때는 물리적 반죽 시간과 1차 발효를 줄여야 약한 구조력이 끊어지지 않아 볼륨 있는 빵이 됩니다.

# 마미오븐의
# 초간단 집빵 레시피



**초판 1쇄 발행** 2020년 7월 10일
**초판 3쇄 발행** 2022년 11월 16일

**지은이** 마미오븐 금현숙
**펴낸이** 박성인

**기획편집** 강하나
**디자인** moon pd 김여울
**사진** studio jane 최재인
**협찬** 위즈웰(www.iwiswell.com), 베이킹팜(www.bakingfarm.co.kr)
비즈쿡(www.bizcook.co.kr), 키엔호(www.kienho.com)

**펴낸곳** 허들링북스
**출판등록** 2020년 3월 27일 제2020-000036호
**주소** 서울시 강서구 공항대로 219, 3층 309-1호 (마곡동, 센테니아)
**전화** 02-2668-9692 **팩스** 02-2668-9693
**이메일** contents@huddlingbooks.com

ISBN 979-11-970301-1-6 (13590)